KODANSHA

月に移住!? 宇宙開発物語

講談社 編

監修 縣 秀彦
（国立天文台准教授）

文 荒舩良孝

KODANSHA

はじめに

私たち人類はこれまで多くの科学的発見をしてきました。ふとした思いつきやひらめきによって、思いもよらないアイデアが浮《う》かび、それが新しい発見につながり、物理、化学、生物、薬学、医学などさまざまな分野が発展《はってん》してきました。その、**ぴか**っとひらめく**理科**をテーマにしたのが、「**ぴかりか**」シリーズです。

このシリーズでは、科学者たちがどんな研究に打《う》ちこんできたか、その研究から明らかになった科学トピックスなどを紹介《しょうかい》していきます。

科学はすぐ身近にあり、まだまだ明らかになっていない

登場キャラクター

本の中で疑問を出したり、一緒に考えたりするキャラクターです。

ホエホエ先生

もの知りなシロナガスクジラの先生。わんだー兄妹たちに優《やさ》しく教えてくれる。

わんだー兄妹《きょうだい》

ふしぎなことがあると、その理由がわかるまで、とことん知りたくなってしまう兄妹とペット。

謎《なぞ》もたくさんあります。みなさんが少しでも科学のおもしろさに気づき、興味《きょうみ》や疑問《ぎもん》を持つきっかけになるようなシリーズになればと思います。

『月に移住《いじゅう》!? 宇宙開発物語《うちゅうかいはつものがたり》』は、人類が宇宙へと進出してきた歴史《れきし》や、その技術《ぎじゅつ》を紹介しています。「宇宙」とはどんなところでいつ誕生《たんじょう》したのか、無数の天体にはどんな特《とく》徴《ちょう》があるのか、ロケットや宇宙船はどのように開発されてきたのかなどを、8章にわたって解説《かいせつ》しています。それぞれの章には、さらにくわしく解説をした「深ぼりコーナー」もあります。人類の宇宙進出について、4つのキャラクターと一緒《いっしょ》に読んでいきましょう。

わんだろう

わんだー兄妹の兄。思いついたらすぐ行動する、頼《たよ》りがいのある兄。

わんだこ

わんだー兄妹の妹。物事を冷静に見ているしっかり者。

わんこ

わんだー兄妹のペット。意外と賢《かしこ》く、2人をフォローする犬。

もくじ

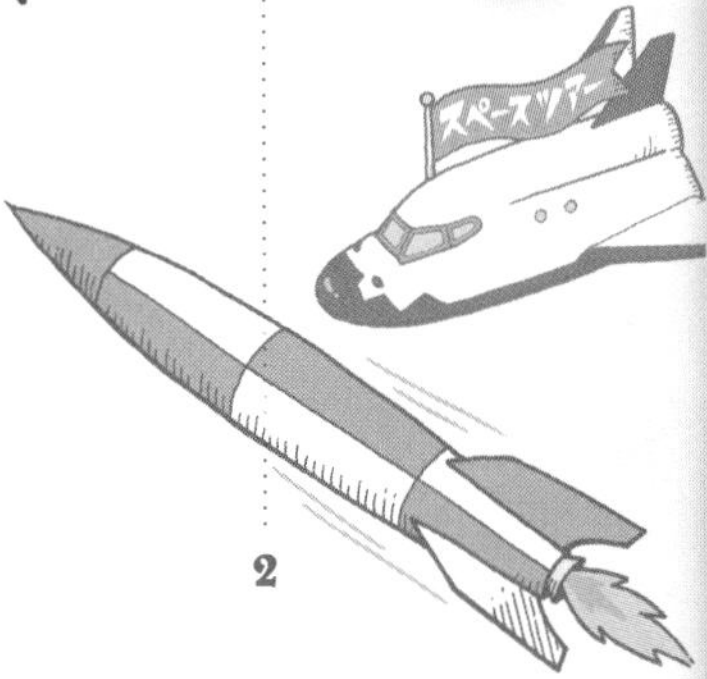

1章 宇宙《う》宙《ちゅう》って、どこからどこまで？

「宇宙」はどこから始まって、どこで終わるのでしょう。
この章では「宇宙」について考えます。

空も宇宙の一部なのかな？
海王星
天王星
土星
宇宙に果てってあると思うかワン？
ホエ～
宇宙はどんなところか見てみるぞ。

たくさんの銀河《ぎんが》があるよ（▶p.18）

宇宙のようすは「光」を使って調べるよ（▶p.20）

宇宙って こんなところ

- 空気がない
- とっても広い
- 真っ暗!?
- 寒い？
- 天体同士《どうし》は離《はな》れていて、すかすかしている

国際宇宙《こくさいうちゅう》ステーション（ISS）があるところは、宇宙じゃないかな？

太陽系《たいようけい》の惑星《わくせい》たち

私たちの住む地球

地球は太陽系の一部

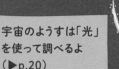

英語では宇宙を示す言葉が2つあるワン。
スペース（space）：地球近くの宇宙空間
ユニバース（universe）：宇宙全体

「宇宙」ってどこから？

「宇宙」と聞くと、みなさんはどんな場所を想像《そうぞう》しますか。「地球からとても遠い場所」でしょうか。それとも「地球とはまったく別の世界」でしょうか。映画《えいが》やドラマなどで描《えが》かれる**重力**や空気がない空間を想像する人も多いかもしれません。でも、地球は宇宙の中にある天体の一つです。ということは、地球も宇宙の一部であるといえるでしょう。

地球は窒素《ちっそ》と酸素《さんそ》を成分とする空気（大気）に取《と》り囲《かこ》まれています。そうすると、大気があるかないかで、地球と宇宙が分けられる気もします。少し考えてみましょう。

大気は地表から離れるに従《したが》い、どんどん少なくなります。地球を取り囲む大気の70〜80％は地表から約16㎞の高さまでに存在《そんざい》しているといわれ、高度80㎞ほどではほとんどなくなります。でも、「ここから大気がなくなります」というようなはっきりとした境界《きょうかい》はありません。だんだんと大気

重力
ものとものが引《ひ》っ張《ぱ》り合う力（＝万有引力）のこと。ただし、地球のまわりを考える時は、地球が物を引っ張る力（引力）と、自転で発生する遠心力を合わせた力のことをいう。

地上100km付近までの大気

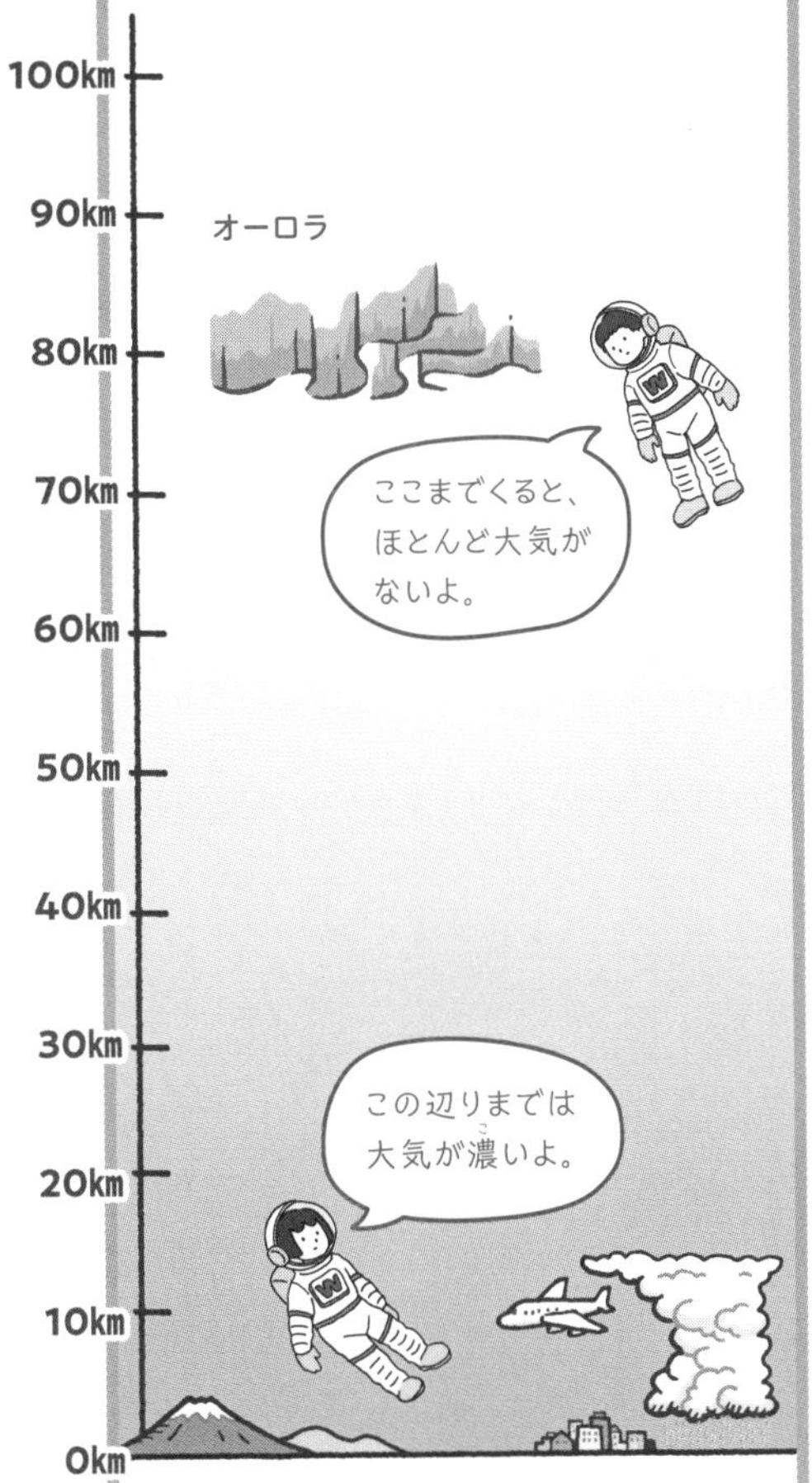
100km
90km
80km
70km
60km
50km
40km
30km
20km
10km
0km
オーロラ
ここまでくると、ほとんど大気がないよ。
この辺りまでは大気が濃《こ》いよ。

大気は地球表面から離れるにつれて、だんだん薄くなる。地球の重力も、同じように地球から離れるにつれてだんだんと小さくなる。

が薄《うす》くなっていくのです。

ですから、どこからを「宇宙」とよぶのかも人それぞれです。**国《こく》際《さい》航《こう》空《くう》連《れん》盟《めい》**は高度100km以上を、アメリカ空軍は高度80km以上を「宇宙」としています。

国際航空連盟
パラグライダーなど、空のスポーツ（スカイスポーツ）の世界記録を管理している団体《だんたい》（国際競技連盟《こくさいきょうぎれんめい》）で、FAIともよばれる。

> **人工衛星**
> ロケットで人工的に地球の軌道に打ち上げた物体のこと（▶p.38）。

宇宙の入り口？ 地《ち》球《きゅう》低《てい》軌《き》道《どう》

地球も宇宙の一部であることがわかったところで、地球に一番近い宇宙の領《りょう》域《いき》を見てみましょう。宇宙の中でも地球に近い、地表から200～1000㎞ほどの場所には、たくさんの**人《じん》工《こう》衛《えい》星《せい》**が、地球のまわりを回っています。この領域は「地球低軌道」とよばれる、宇宙の入り口のような場所です。

地球低軌道の中で一番大きな人工物は、アメリカ、日本、カナダ、ヨーロッパの国々などが協力して運用している国際宇宙ステーション（ISS）です。ISSは地球の上空約400㎞の高さにあり、2000年11月2日から宇《う》宙《ちゅう》飛《ひ》行《こう》士《し》が交代で長期滞《たい》在《ざい》を続けています。若《わか》田《た》光《こう》一《いち》さん、星《ほし》出《で》彰《あき》彦《ひこ》さん、油《ゆ》井《い》亀《き》美《み》也《や》さんなど、これまで日本人もたくさん滞在しました。

ISSは、現《げん》在《ざい》、宇宙で人が暮《く》らすことのできる数少ない施《し》設《せつ》の一つです。

ISSの他にも、地球低軌道には小《こ》型《がた》の人工衛星がたくさん打ち上げら

ISSも人工衛星も、地球のまわりをすごいスピードで回っているんだって！

▼夜空を通過するスターリンクのようす。60機ほどがまとめて打ち上げられるので、連なった星のように見える。スターリンクはすでに5000機以上、打ち上げられている。写真：ロイター/アフロ

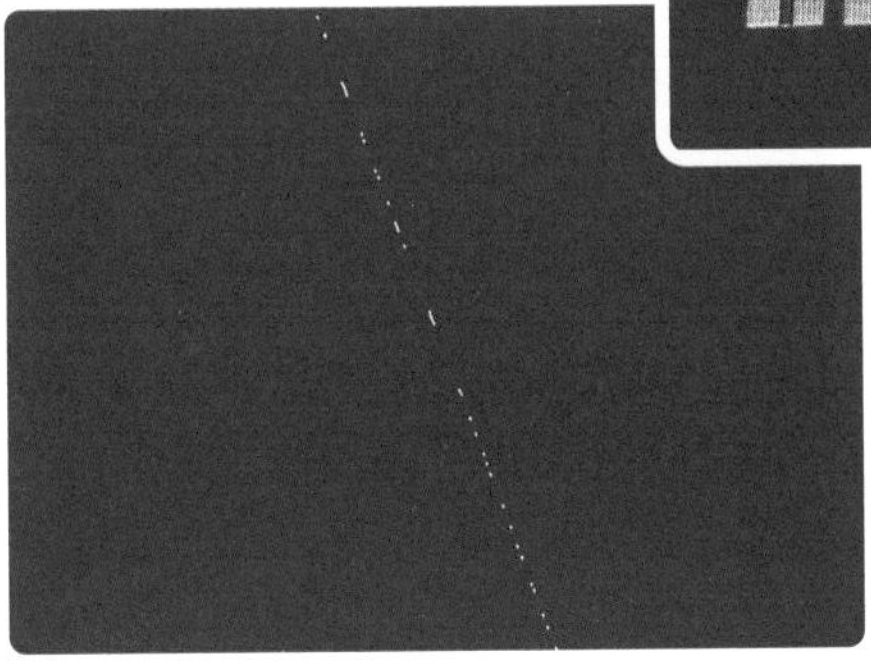

▲巨大《きょだい》な有人実験施設「ISS」。1998年から2011年までかけて、宇宙で組み立てられた。提供：JAXA/NASA

れています。有名なものにアメリカの宇宙開発企業《きぎょう》、スペースX社が打ち上げたスターリンクという衛星群があります。これはたくさんの小型衛星を使って、地球のどこからでも高速インターネット通信ができるようにするシステムで、日本をはじめ、約50ヵ国でサービスが提供《ていきょう》されています。地球低軌道に打ち上げられる小型衛星の数は増《ふ》えていて、今後、ますます活用されていくでしょう。

　地球低軌道からさらに上空に行くと、そこにはさまざまな**天体**が姿《すがた》をあらわします。まず目をひくのが、地球

天体
宇宙にある、あらゆる物体のこと。銀河や星団《せいだん》なども天体の一種。

「スペースX」社については67ページも見てね。

恒星のまわりを回る天体のことを惑星というよ。

の衛星である月と、地球から1億4960万km離れた場所にある太陽でしょう。太陽は自ら光り輝《かがや》く「恒星《こうせい》」で、地球の約33万倍もの重さを持ち、その重力も強力です。地球だけでなく、たくさんの天体を周囲《しゅうい》に引きつけ「太陽系」をつくっています。太陽系には地球をはじめ8つの惑星があり、太陽から一番離れているのが、太陽から45億km以上離れている海王星です。でも、太陽系は海王星で終わっているわけではありません。海王星より遠くにも小さな天体（**小惑星《しょうわくせい》**）がたくさん見つかっていま

太陽系のつくり

太陽系の惑星のうち、水星、金星、地球、火星はかたい表面を持つ「地球型惑星《ちきゅうがたわくせい》」。木星、土星、天王星、海王星はガスでできた「木星型惑星」に分類される。

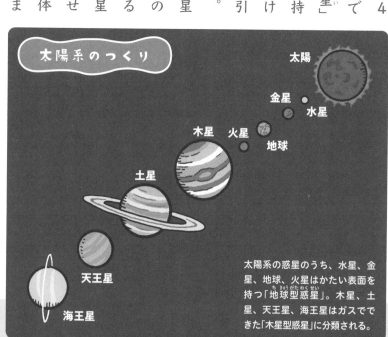

す。太陽系は、太陽からおよそ1兆km先まで広がっていて、そこには**彗星**《すいせい》のもととなる小天体がたくさんあります。地球は太陽系の中にある小さな天体であることがわかりますね。

宇宙はどこまで広がっている?

太陽系の外側には、太陽と同じような「恒星」がたくさん集まった「銀河」が形づくられています。太陽系は「天の川銀河」(別名、銀河系)という銀河の中にあります。そして、天の川銀河の外側にもたくさんの銀河があります。広い宇宙を見渡《みわた》してみると、たくさんの銀河によって網《あみ》の目のような構造《こうぞう》がつくられていることがわかってきました。つまり、銀河は宇宙の基本的《きほんてき》な構成単位《こうせいたんい》なのです。

では、宇宙そのものはどこまで広がっているのでしょうか。結論《けつろん》を先に言ってしまうと、実はよくわかっていません。これまで多くの研究者が、

彗星
本体がおもに氷でできた、数kmから数十kmの小さな天体。

小惑星
惑星よりも小さな天体で、太陽の周囲を回るおもに岩石や氷でできた天体。

アンドロメダ銀河のようす

地球がある天の川銀河のとなりにある、アンドロメダ銀河。宇宙にはこのような大きな銀河がたくさんあり、銀河がたくさん集まったものを「銀河団《ぎんがだん》」という。

写真：kouji/PIXTA

宇宙の観測《かんそく》をしたり、数学を使って計算をしたりしながらその姿を明らかにしようとしてきました。それでも、宇宙にはまだわからないことがたくさんあるのです（p.138）。

宇宙について調べるとき、天体望遠鏡のような道具を使うことがあります。また、望遠鏡では、私たちの肉眼《にくがん》でも見える光（可視光線《かしこうせん》）のほかに、赤外線《せきがいせん》、X線、電波《でんぱ》などの光の仲間も観測します（⇩p.17から深ぼり！）。そして、宇宙の姿がどのように見えるのかは、天体望遠鏡の性《せい》能《のう》によって異なります。私たちの住

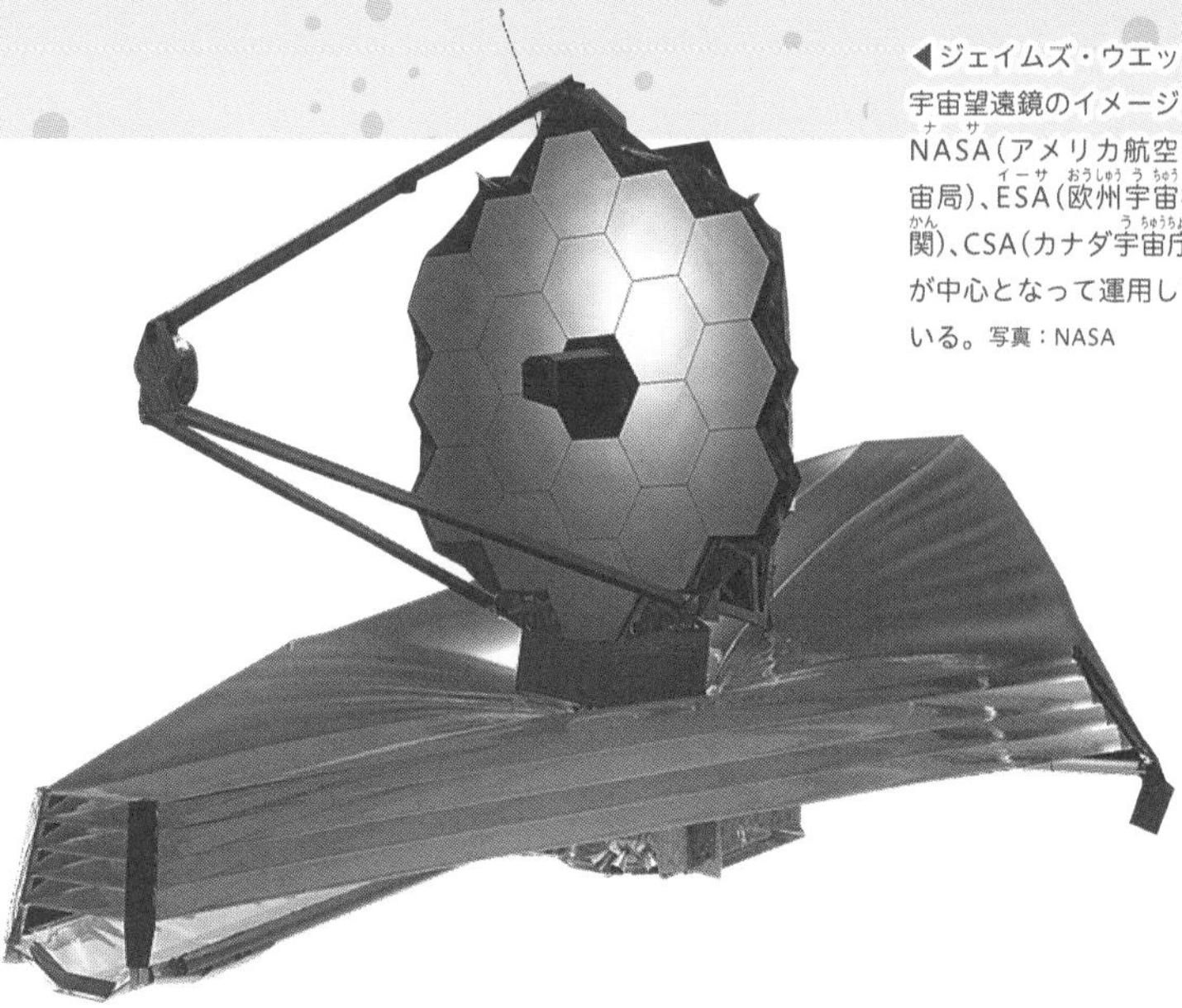

◀ジェイムズ・ウエッブ宇宙望遠鏡のイメージ。NASA《ナサ》（アメリカ航空宇宙局）、ESA《イーサ》（欧州《おうしゅう》宇宙《うちゅう》機関《きかん》）、CSA（カナダ宇宙庁《うちゅうちょう》）が中心となって運用している。写真：NASA

む宇宙は、約１３８億光年《こうねん》前に誕生したと考えられています。２０２２年７月から観測を始めたジェイムズ・ウエッブ宇宙望遠鏡は、これまでに、約１３４億～１３５億光年先に５つの銀河を発見しています（２０２３年12月現在）。この結果は、誕生してから３億～４億年後の宇宙には、いくつもの銀河ができていたことを示しています。これは、従来考えられていた銀河の数よりも多く、宇宙初期には私たちが考えていたよりもたくさんの銀河がつくられていた可能性を示しています。

宇宙に打ち上げられて
いろいろな天体を観察している
のが「宇宙望遠鏡」だよ！

光は、1秒間に
約30万km直進する。
これは地球を1秒間に
7.5周するほどの距離!
ビューーン
太陽から
8分19秒
かけて届く
1年で9兆5000億kmも
進むなんて、想像も
つかない距離だね!
速いだろー

ちなみに、「光年」というのは宇宙での距離《きょり》を表すときによく使われる単位です。光のスピードはとても速く、1秒間で約30万km、1年間では約9兆5000億kmも進みます。この「光が1年間で進む距離」が「1光年」となります。

　太陽の光が地球に届《とど》くまでに8分19秒かかります。太陽系の外にある天体の光が地球に届くまでには、数年、数百年、数百億年と長い時間がかかります。そのため、宇宙での距離を表すときに光年がよく使われるのです。

宇宙を知るには「光」が重要

光と宇宙について深ぼりしよう！

宇宙の中を進む光について解説《かいせつ》するぞ。

考えてみよう！

光年とは何を表す単位だったかな？

光には速さがあることを思い出すのじゃ。どのくらいの速さだったかのぉ。

1. 光が届くまでの時間
2. 光の速さ
3. 光が1年間に進む距離

宇宙の広さを伝えるための単位だったよね。

光の速さはとっても速かったよね。

こたえは……

③ **光が1年間に進む距離**

光は秒速30万kmというスピードで、1年間では9兆5000億km進むぞ。この距離が「1光年」じゃ。とても広い宇宙で距離を表すときは、光年を単位に使った方がわかりやすいぞ。

遠くを見ると、宇宙の昔がわかる!?

地球上で生活していると、光はいろいろな場所に一瞬《いっしゅん》で伝わるので、光に速度があることはほとんど意識《いしき》されません。でも、例えば太陽の光が地球に届くまでには8分19秒もの時間がかかっています。私たちは日常的《にちじょうてき》に太陽の光を目にしますね。その光は、常《つね》に8分19秒前に太陽を出発したものなのです。つまり、天体望遠鏡を使って天体を見ると、遠いものほどその天体の過去《かこ》の姿を見ていることになるのです。遠くの天体を見ることは、時間を巻《ま》き戻《もど》して過去の宇宙を見ることになります。地球上では過去の人や動物

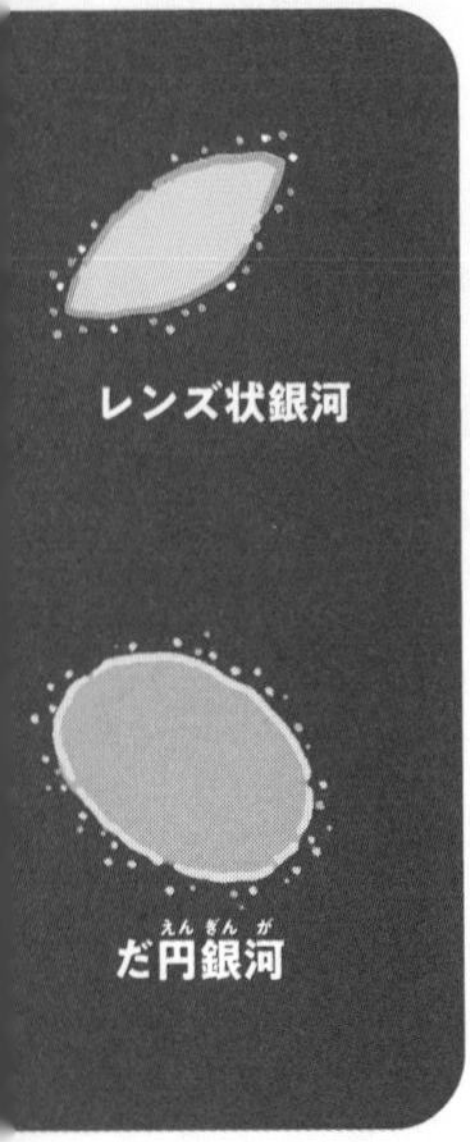

超新星爆発《ちょうしんせいばくはつ》
質量《しつりょう》が大きな恒星が、その一生の終わりに起こす大爆発。

いろいろな形の銀河
不規則銀河《ふきそくぎんが》
うずまき銀河
太陽系が
あるのはこの辺！

私たちの銀河「天の川銀河」は、「棒《ぼう》うずまき銀河」という種類に分類される。

などを知るために、遺跡《いせき》や化石などを発掘《はっくつ》しますが、宇宙の場合は、遠くを見ることが過去を知ることになるのです。

　人類はこれまで、なるべく遠くの天体を見ようと、大きな望遠鏡をつくってきました。その結果、天の川銀河の外側にもたくさんの銀河があることや、銀河にも種類があること、さらに**超新星爆発**や**中《ちゅう》性《せい》子《し》星《せい》合《がっ》体《たい》**など、急激《きゅうげき》に変化する天《てん》体《たい》現《げん》象《しょう》などがあることもわかってきました。また、宇宙の観測によって、宇宙が今から138億年前に誕生《たんじょう》したことなど、その歴史《れきし》も少しずつ解《と》き明《あ》かされています。

宇宙ってとっても昔に
生まれたんだね。

中性子星合体
中性子星とは、超新星爆発が起きたあとに残る天体の一つ。この天体同士が合体することがある。

さまざまな波長《はちょう》の「光」で宇宙を調べる

地球から遠く離れた天体をくわしく知るには、天体からやってくる光を観測する必要があります。光は波の性質《せいしつ》を持っていて、その波の長さ（波長）によっていくつかの種類に分けられます。宇宙の研究（天文学）では電波、赤外線、可視光線（目で見られる光）、紫外線《しがいせん》、X線、ガンマ線を観測します。同じ天体でも、観測する光の種類が変わると、見え方が変わります。さまざまな波長の光を利用することで、恒星や惑星はもちろん、銀河やブラックホール（p.140）などの特徴《とくちょう》もくわしく調べることができるようになりました。さらに、長い時間をかけて、たくさんの観測が積み重ねられてきたことで、宇宙の姿がだんだんとわかってきています。

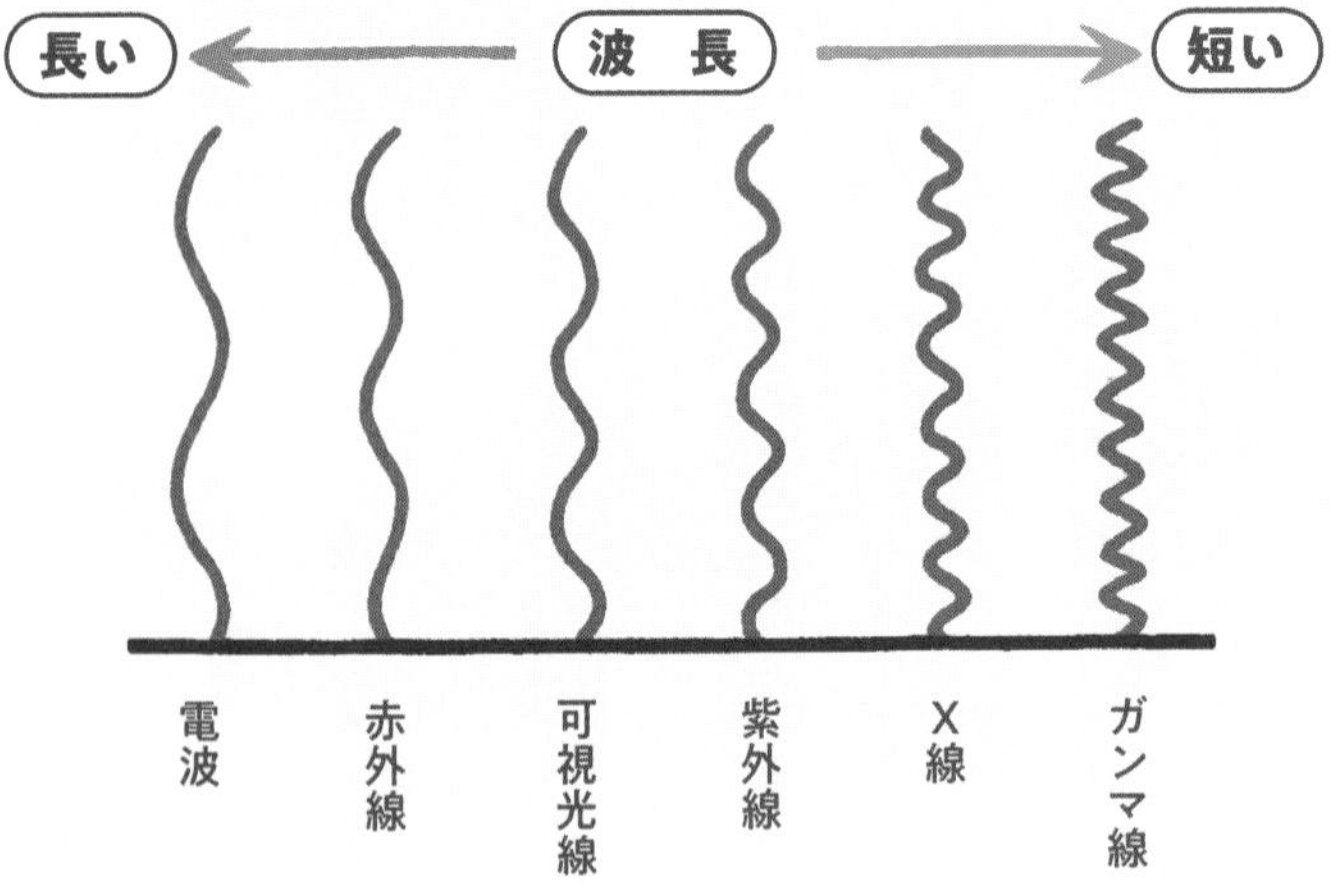
長い
波　長
短い
電波
赤外線
可視光線
紫外線
X線
ガンマ線

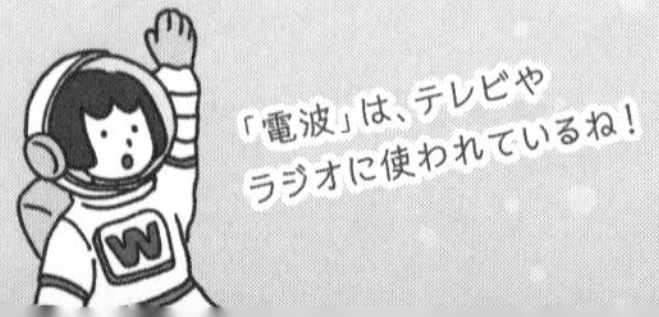
「電波」は、テレビやラジオに使われているね！

1章 まとめ

地球も宇宙にある天体の一つ！

宇宙にはたくさんの星があり、その星は銀河にふくまれているよ。そのたくさんの銀河のうちの一つが私たちのいる「天の川銀河」なんだ。そして、天の川銀河の中にある恒星の一つが太陽で、地球は太陽のまわりを回る惑星の一つなんだよ。地球も、宇宙の中にある天体なんだ、ということがわかるね。

多くの科学者が宇宙の研究を続けて、少しずつその姿が明らかになってきたけれど、宇宙はとても広いから、まだまだわかっていないことがたくさんあるんだよ。だから、地球の外に宇宙望遠鏡を打ち上げたり、何種類もの光などを利用してより遠くにある天体の種類や特徴《とくちょう》を調べたりして、この謎を明らかにしようとしているんだ。

銀河がたくさん集まった銀河団のようす。写真はおとめ座《ざ》銀《ぎん》河《が》団《だん》の一部。写真：東京大学大学院理学系研究科 木曽観測所

2章

宇《う》宙《ちゅう》に飛び出した人類1

人類はどうやって宇宙に進出したのでしょうか。
ここでは、宇《う》宙《ちゅう》開《かい》発《はつ》技《ぎ》術《じゅつ》の始まりを見ていきます。

宇宙進出年表①

1942年
第2次世界大戦中
V2《ブイツー》ロケットが開発される
(▶p.24)

1945年
第2次世界大戦が終わる
(▶p.24)

1957年
ソ連が世界初の人工衛星「スプートニク1号」を打ち上げる
(▶p.25)

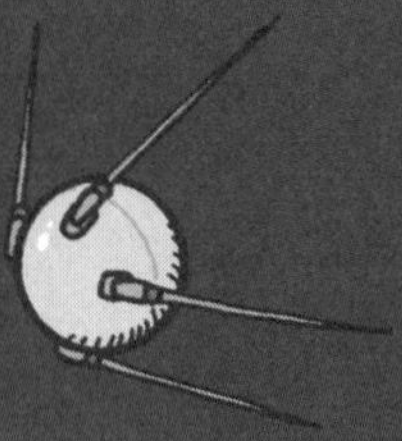
スプートニク

地球の外側には、今ではたくさんの人《じん》工《こう》衛《えい》星《せい》が回っているワン。

ホエ～
宇宙進出は始まったばかりじゃ！

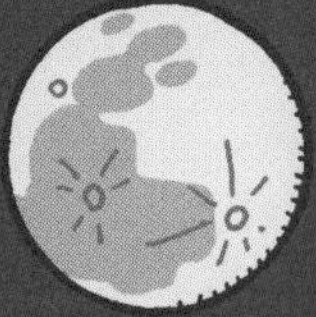
月

アポロ

1969年

7月20日、ニール・アームストロングとバズ・オルドリンが月面着陸に成功！
（▶p.32）

宇宙開発のなかで、
命を落としてしまった
人もいるんだ。

1967年

「アポロ1号」で事故《じこ》が起こる
（▶p.31）

1961年

アメリカ初の宇宙飛行士《うちゅうひこうし》アラン・シェパードが宇宙飛行に成功。その後、アメリカ大統領《だいとうりょう》が有人月面着陸「アポロ計画」を発表
（▶p.28）

1961年

ソ連のユーリ・ガガーリンが宇宙船「ボストーク1号」で宇宙へ。宇宙へ行った人類第１号となる
（▶p.26）

いつか私も月に
行けるかな！

ロケットは戦争中、爆弾《ばくだん》を遠くまで飛ばす手段として開発されたんだね。

ドイツで生まれた技術が広がった

人類は長いあいだ、地球の上だけで活動してきました。しかしそのあいだも、大空の向こう側、つまり宇宙に興味《きょうみ》を持ち、望遠鏡を使って観察してきました。ただ見上げるだけだった宇宙に、人類が物を送《おく》り出《だ》すようになったのは**第2次世界大戦**後のことです。

その大きなきっかけをつくったのが、第2次世界大戦中にドイツで開発された「V2ロケット」です。V2ロケットはもともと兵器として開発されたものでしたが、開発責任者《かいはつせきにんしゃ》だった**ヴェルナー・フォン・ブラウン**の目的は別のところにありました。彼《かれ》は月や火星に行く技術をつくるために、兵器として使われることを知りながらも、V2ロケットの開発に協力したといいます。

V2ロケットは、戦争中はミサイルとして使われましたが、戦争が終わると宇宙に行くための手段《しゅだん》としても利用されるようになります。第2次世

第2次世界大戦

1939年9月1日から1945年9月2日まで続いた。当時のイギリス、アメリカ、ソ連などの連合国と、ドイツ、イタリア、日本などが戦った。

このロケットで、
たくさんの市民が
ぎせいになって
しまったんだワン。

V2ロケットのイメージ

第2次世界大戦中の1942年に開発されたロケットで、世界初の弾道《だんどう》ミサイル(大きなだ円のような軌道《きどう》で飛ぶロケット)。全長14mで、アルコールと液体酸素《えきたいさんそ》を反応させて飛ぶ。ドイツはイギリスのロンドンなどへの攻撃《こうげき》にこのロケットを使用した。

界大戦でドイツが敗れたため、フォン・ブラウンはドイツを離《はな》れアメリカに渡《わた》りました。また、ソビエト社会主《しゃかいしゅ》義《ぎ》共和国連邦《きょうわこくれんぽう》(ソ連。現在《げんざい》のロシア)にも多くの技術者が集められました。そして、アメリカとソ連のあいだで激《はげ》しい宇宙開発競争が始まったのです。

ソ連とアメリカの宇宙開発競争で最初の勝者となったのはソ連でした。ソ連は1957年10月4日に、地球を周回する人工物である人工衛星「スプートニク1号」の打ち上げに世界で初めて成功しました。その1ヵ月後の11月3日には2機目の人工衛星である「ス

ヴェルナー・フォン・ブラウン 1912-1977

ドイツ出身の工学者。大学でロケットのエンジンの研究をし、ドイツでV2ロケットを開発。のちにアメリカに渡り、NASA《ナサ》でロケット開発にたずさわった。

ユーリ・ガガーリン　1934-1968

世界初の有人宇宙飛行を成功させ、宇宙から地球を初めて肉眼《にくがん》で見た。

ガガーリンは3000人以上の候補者《こうほしゃ》のなかから選ばれたんだワン！

プートニク2号」の打ち上げにも成功します。一方、アメリカの人工衛星の打ち上げは失敗し、ソ連とアメリカの技術力の差が誰《だれ》の目にも明らかになってしまいました。

ソ連の宇宙開発はその後も着々と進みました。1961年4月12日には空軍のパイロットだった**ユーリ・ガガーリン**を宇宙船「ボストーク1号」に乗せて宇宙へと送り出し、世界で初めての有人宇宙飛行を成功させたのです。ボストーク1号は宇宙空間を1時間50分ほど飛行し、地球の周囲《しゅうい》をほぼ1周し、地表に帰ってきました。

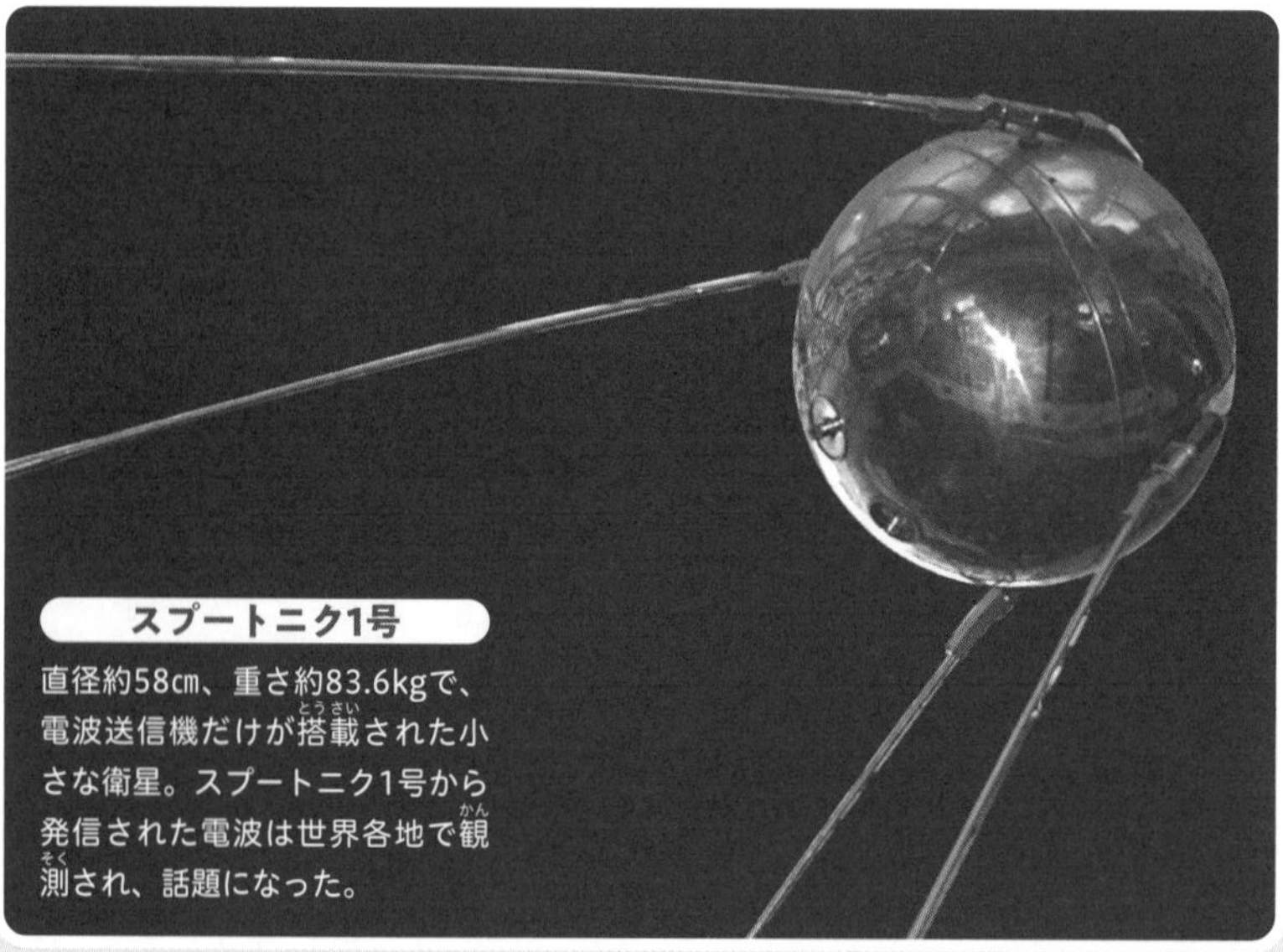

スプートニク1号

直径約58㎝、重さ約83.6kgで、電波送信機だけが搭載《とうさい》された小さな衛星。スプートニク1号から発信された電波は世界各地で観測《かんそく》され、話題になった。

アレクセイ・レオーノフ 1934-2019

もともとソ連の空軍に勤務《きんむ》していた。1975年まで宇宙飛行士として活躍《かつやく》した。

ワレンチナ・テレシコワ 1937-

ソ連の女性。「ボストーク6号」には一人で乗りこんだ。

その後も、ソ連は有人宇宙技術の開発をどんどん進めていきました。1963年6月16日に、「ボストーク6号」で**ワレンチナ・テレシコワ**を宇宙に送り出し、女性《じょせい》初《はつ》の宇宙飛行も成功させました。彼《かの》女《じょ》の宇宙飛行は3日間続き、地球を48周して地球に戻《もど》ってきました。

さらに1965年3月には宇宙船「ボスホート2号」で宇宙に行った**アレクセイ・レオーノフ**が、人類初の宇宙遊泳（船外活動）を実施《じっし》しました。レオーノフは宇宙服を着た状態《じょうたい》で宇宙船から危険《きけん》な宇宙空間に出て、12分間の宇宙遊泳を行いました。

世界初の有人宇宙飛行に成功したボストーク1号は、全長3.1mの機械《きかい》船《せん》と、直径2.3mの再突入《さいとつにゅう》カプセルが組み合わせられた小さな宇宙船。

▲ユーリ・ガガーリン

アラン・シェパード 1923-1998

アラン・バートレット・シェパード・ジュニア。アメリカの海軍でテストパイロットをしていた。1971年にはアポロ14号に乗り、月面に降《お》り立った。

「アポロ計画」で月をめざしたアメリカ

ソ連のスプートニク1号の成功によって、先を越《こ》されたアメリカは自信を打《う》ち砕《くだ》かれただけでなく、自国の空の上空をソ連の人工衛星が飛行したことに恐《きょう》怖《ふ》したといいます。

それでもアメリカはソ連を追いかけ、1958年1月31日に人工衛星「エクスプローラー1号」を打ち上げ、世界で2番目の人工衛星の打ち上げ成功国となりました。そして、宇宙開発の体《たい》制《せい》を整えるために、1958年10月1日に宇宙計画を立て、実行していく専《せん》門《もん》の部《ぶ》署《しょ》であるアメリカ航《こう》空《くう》宇《う》宙《ちゅう》局《きょく》(NASA《ナサ》)を設《せつ》立《りつ》しました。しかし、ガガーリンの初飛行によって有人飛行までソ連に先を越されます。なかなかソ連に追いつけなかったアメリカですが、1961年5月5日に、アメリカ初の宇宙飛行士となった**アラン・シェパード**を乗せた「マーキュリー宇宙船」を宇宙へ送り、有人飛行を成功させました。でも、ガガーリンの飛行が地球を1周する周回飛

NASA

NASAはNational Aeronautics and Space Administration の頭文字《かしらもじ》をとったもの。

▲マーキュリー宇宙船に乗り込む宇宙飛行士のようす。写真：NASA

行だったのに対して、シェパードの飛行は、最高高度187kmに到達《とうたつ》した後、15分ほどで地表に戻ってくる弾道飛行とよばれるものでした。

その直後の5月25日には、当時のアメリカ大統領だった**ジョン・F・ケネディ**が驚《おどろ》きの計画を発表しました。「10年以内に人類を月に送る」と宣言《せんげん》したのです。技術的にソ連から大きく引き離された状態での有人月面着陸計画は、多くの人には達成できるかわからない賭《か》けのようなものに見えたことでしょう。ケネディの語った有人月面着陸は「アポロ計画」

ジョン・F・ケネディ 1917-1963

アメリカの第35代大統領。大統領の在任中《ざいにんちゅう》、テキサス州のダラスでパレードをしていた最中に暗殺《あんさつ》された。

月をめざすのに
太陽の神の名前を
つけたんだね。

ギリシャ神話に登場する
太陽の神「アポロン」が、
アポロ計画の名前の由来だよ。

とよばれています（⇩p.33から深ぼり！）。ただし、ケネディの発表後、すぐにアポロ計画が始まったわけではありません。地球と月面を安全に往復《おうふく》するためにさまざまな技術を確立《かくりつ》する必要があったのです。

アメリカでの有人飛行第1号となったシェパードの飛行は、「マーキュリー計画」とよばれる一連の開発プロジェクトの一つで、アポロ計画の準《じゅん》備《び》として行われました。マーキュリー計画では、シェパードをはじめ6人の宇宙飛行士が宇宙に行きました。最後に実施された飛行では地球を22周し、34時間以上の宇宙飛行を実現《じつげん》しました。

続いて実施されたのが「ジェミニ計画」です。「ジェミニ4号」で宇宙に行った**エドワード・ホワイト**がアメリカ初の宇宙遊泳（船外活動）に成功しました。ジェミニ6号と7号は同じ時期に宇宙を飛行し、ランデブー（接近して、一緒《いっしょ》に飛行する）に成功しました。さらに、8号以降《いこう》では、アジェナという人工衛星とのランデブーやドッキングなどに挑戦《ちょうせん》し、月に行くための技術を蓄積《ちくせき》していきました。

エドワード・ホワイト 1930-1967

元アメリカ空軍のパイロット。1965年にアメリカ人初の宇宙遊泳に成功。しかし、1967年、アポロ1号の事故によって36歳《さい》の若《わか》さで亡《な》くなる。

やっとの思いで成功させた月面着陸

アポロ計画が本格的《ほんかくてき》に始まった1967年1月27日、大きな事故が起こります。3人の宇宙飛行士が、打ち上げ予定の宇宙船で訓練をしているときに発生した火災《かさい》で死亡《しぼう》したのです。NASAは3人が乗る予定だった宇宙船を「アポロ1号」として、事故原因《じこげんいん》の究明と安全対策《あんぜんたいさく》の強化に力を注ぎました。そして事故からわずか10ヵ月後の1967年11月に、アポロ4号を無人で打ち上げることに成功しました。1968年10月には、ついに3人の宇宙飛行士を乗せたアポロ7号が打ち上げられ、地球のまわりを11日間飛行しました。

その翌年《よくねん》、いよいよ人類が月面に足を

▲人類初の月面着陸に成功した宇宙飛行士。左からニール・アームストロング、マイケル・コリンズ、バズ・オルドリン。
写真：NASA

マイケル・コリンズ 1930-2021

アポロ11号では、司令船に残って月面の写真撮影《さつえい》などを行った。

ニール・アームストロング 1930-2012

アポロ11号では船長を務《つと》めたほか、その前のジェミニ8号でも船長を務めている。

◀月面で作業をするオルドリン。
写真：NASA

踏《ふ》み入れる時が近づいてきました。１９６９年７月19日、**ニール・アームストロング**、**バズ・オルドリン**、**マイケル・コリンズ**の３人を乗せた「アポロ11号」が月の周回軌道に到達しました。翌20日午後４時17分(アメリカ東部夏時間)、アポロ11号の月着陸船が月面の「静かの海」へ着陸。午後10時56分にアームストロングが人類で初めて月面に降り立ちました。アームストロングに続き、オルドリンも月に降り、２時間ほど月面で作業をして着陸船に戻り、月を後にしました。この成功を含め、アポロ計画では計６回で12人が月面に降り立ちました。

バズ(エドウィン)・オルドリン 1930-
1988年にバズ・オルドリンに改名。アポロ11号で、人類２番目に月に降り立った。

「静かの海」については、80ページを見てね。

50年以上前に月に着陸

NASAの宇宙船について深ぼりしよう！

人類初の月面着陸を成功させた
ロケットと宇宙船について解説《かいせつ》するぞ。

考えてみよう！

1960年代に月面着陸をめざしたNASAのプロジェクトの名前は？

月面着陸なのに、なぜか太陽の神の名前がつけられているぞ。

1. アポロ計画
2. マーキュリー計画
3. ジェミニ計画

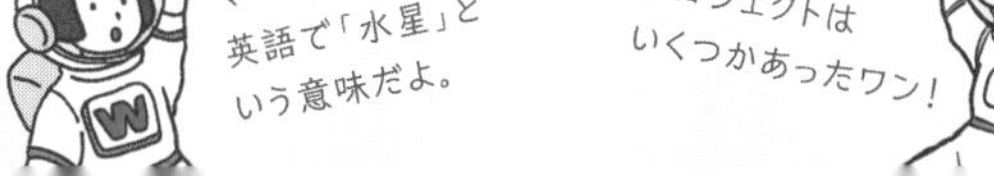

マーキュリーは英語で「水星」という意味だよ。

月をめざしたプロジェクトはいくつかあったワン！

こたえは……

1 アポロ計画

アポロ計画は1961年5月25日に、当時のアメリカ大統領のケネディによって発表されたぞ。ギリシャ神話に出てくる太陽の神の名前「アポロン」が由来なんじゃ。

月面着陸を支《ささ》えたロケットと宇宙船

アポロ計画は、アメリカの宇宙開発の歴史《れきし》のなかでも大きな成功を収《おさ》めたプロジェクトです。初期の宇宙開発ではソ連に大きくリードされたアメリカが、ソ連に追いつき、追い越すために計画されたものです。

このアポロ計画のためにつくられたのが、「サターンV《ファイブ》ロケット」と「アポロ宇宙船」です。「サターンVロケット」は全長111mと36階建てのビルと同じくらいの高さがある巨《きょ》大《だい》なもので、2万社以上の企業《きぎょう》の技術を結集してつくられました。このロケットは3つの独立《どくりつ》したロケットエンジンが組み合わされた3段《だん》ロケットで、燃料《ねんりょう》をいっぱいにしたときの総重量《そうじゅうりょう》は2700tもあります。

サターンVロケットは、世界で最も大きなロケットだったんだワン！

先端《せんたん》部分にアポロ宇宙船！

アポロ宇宙船は、司令船、機械船、月着陸船の3つの**モジュール**で構成《こうせい》されています。司令船は3人乗りで、地球に帰還《きかん》するときも使いました。機械船は酸素、水、電力などを供給《きょうきゅう》する装置《そうち》やエンジンが取り付けられています。月着陸船は2人乗りで、宇宙飛行士を月面に送るのに使用されました。

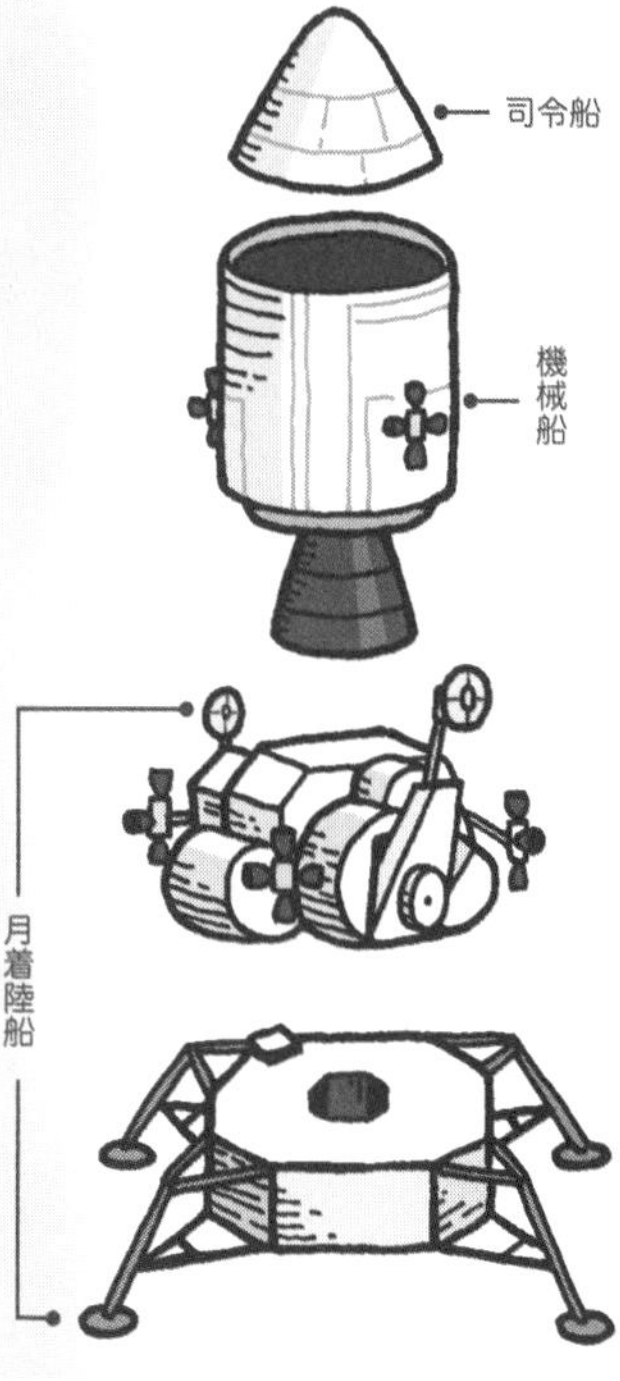

◀NASAが開発したロケットの中でも最大級のものとなるサターンVロケット。写真はアポロ15号の打ち上げのようす。写真：NASA

モジュール
基本となるパーツのこと。巨大なISSはモジュール単位で宇宙に打ち上げられ、組み立てられた。

地球に帰ってきた宇宙船のようす。海に落ちたところをNASAのスタッフが迎《むか》えに向かった。
写真：NASA

アポロ宇宙船は、場面によってモジュールの構成が変わるつくりになっています。月周回《しゅうかい》軌《き》道《どう》までは3つのモジュールが一体となっていますが、月面には月着陸船だけが向かいます。その間、司令船・機械船は、月着陸船と地球の通信をつなぐ中継所《ちゅうけいじょ》の役割《やくわり》をします。

月着陸船は2段構成になっていて、月面から離れる時は下段《げだん》を残して、上段《じょうだん》部分だけが上昇《じょうしょう》し、司令船・機械船と再《ふたた》びドッキングします。

帰還する時は、月周回軌道を離れる際《さい》に月着陸船を残し、司令船・機械船だけで地球へ向かいます。機械船は、大気圏《たいきけん》に再突入する直前に切り離され、大気中で燃《も》えつきます。残った司令船はパラシュートを広げ、海に着水し、地球帰還となるのです。

宇宙船って、本当にむだなく設計《せっけい》されているんだね！

2章 まとめ

努力の積み重ねで叶《かな》った人類の宇宙進出

1960年代、アメリカは、当時、宇宙開発競争で先を行っていたソビエト連邦（現在のロシア）を追い越そうと、「人類を月面に送る」ためのアポロ計画を実施したんだ。数え切れないほどの困難《こんなん》を乗り越え、1969年7月20日にアポロ11号の月着陸船が、月面の「静かの海」へ着陸したよ。

宇宙進出の技術が大きく進歩したのは、ソ連とアメリカがその技術を激しく競っていたからなんだ。人類が月に降り立つまでには長い時間がかかっていて、戦争のために開発された技術もあったんだよ。その後、たくさんの人たちが努力を積み重ねて、やっと人類が月に到達したんだ。たった2時間だけの滞在《たいざい》だったけど、その功績《こうせき》はとても大きなものだったんだよ。

月面に残された足跡《あしあと》。　写真：NASA

プラスワン

暮《く》らしを支《ささ》える宇《う》宙《ちゅう》技《ぎ》術《じゅつ》！

ふだんはほとんど意《い》識《しき》しませんが、宇宙のために開発された技術は私たちの暮らしも支えています。どのようなものがあるのか、見てみましょう。

地球の新たなインフラ、人《じん》工《こう》衛《えい》星《せい》

人工衛星は宇宙にありますが、地上とつながることで私たちの生活を支える新たなインフラ（生活に不《ふ》可《か》欠《けつ》な設《せつ》備《び》）となっています。人工衛星は、その機《き》能《のう》によっていくつかの種類に分けられます。まず、地球のようすを観《かん》測《そく》する「地球観測衛星」です。地球のようすは飛行機や気球を使って観測することもできますが、人工衛星を使うことで、より広い地《ち》域《いき》の情《じょう》報《ほう》を一度に得《え》ることができます。天気予報などに使われる「気《き》象《しょう》衛《えい》星《せい》」も、地球観測衛星の一つです。

人工衛星は通信や放送でも欠かせない存《そん》在《ざい》になっています。「通信衛星」は、地上にあるアンテナから情報を受け取り、別の場所にあるアンテナへ情報を送る役《やく》割《わり》をしています。さらに、複数の人工衛星を使って地上にある機器の位置をとても正《せい》確《かく》に測定する「測《そく》位《い》衛《えい》星《せい》」も、私たちの生活に欠かせないものです。

地球観測衛星（気象衛星など）

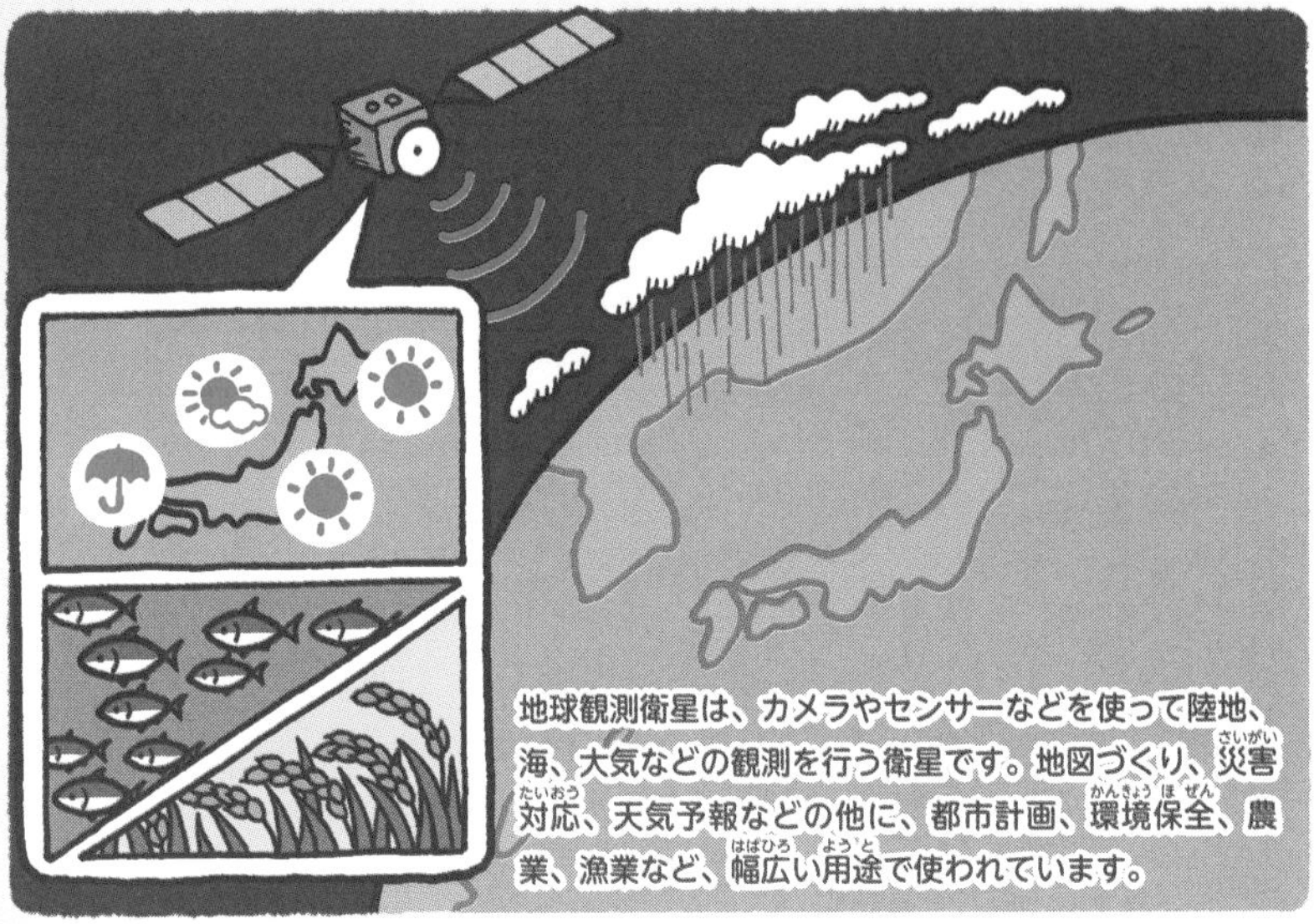

地球観測衛星は、カメラやセンサーなどを使って陸地、海、大気などの観測を行う衛星です。地図づくり、災害《さいがい》対応《たいおう》、天気予報などの他に、都市計画、環境《かんきょう》保全《ほぜん》、農業、漁業など、幅広《はばひろ》い用途《ようと》で使われています。

測位衛星

測位衛星の代表例は、アメリカで開発された全地球測位システム（GPS）です。スマートフォンの地図アプリや自動車のカーナビゲーションシステムなどで使う他に、日本全体に機器を置き、地《ち》殻変動《かくへんどう》の測定《そくてい》もしています。

通信衛星

人工衛星を使って遠くの地域と情報をやり取りします。オリンピックなど外国で開催《かいさい》されているイベントをテレビで生中継《なまちゅうけい》したり、普通《ふつう》の携帯電話《けいたいでんわ》がつながらない場所で通信をしたりするのに使われます。

宇宙技術を日用品に応用《おうよう》

宇宙で使われている技術が私たちの生活に役立っていることもあります。ロケットは打ち上げられると、秒速約8㎞もの速さで飛行します。このとき、ロケットの先端《せんたん》部分は300℃もの高温に達するといいます。そこで、JAXA《ジャクサ》(宇宙航空研究開発機構、p.47)は先端部分に断熱性《だんねつせい》の高いマイクロバルーンとよばれるセラミック粒子《りゅうし》を利用した断熱塗料《だんねつとりょう》を開発しました。この技術は民間企業《きぎょう》に技術移転《ぎじゅついてん》され、断熱塗料として建物などに使われています。

同じように、打ち上げや大気圏《たいきけん》への再突入時《さいとつにゅうじ》の振動《しんどう》から保護《ほご》するための技術が応用されているのが、枕《まくら》やマットレスに使われる低反発素材《ていはんぱつそざい》のテンピュールです。テンピュールの技術をさかのぼると、NASAのエイムズ研究センターで開発された低反発素材に行きつきます。

　もっと身近な例では、三角形のデコボコした模様《もよう》がついている缶《かん》があります。これは「ダイヤカット缶」といいます。NASAの研究所で超音速機《ちょうおんそくき》の胴体《どうたい》の破壊《はかい》について研究していた三《み》浦公亮博士《うらこうりょうはくし》が発見した形状《けいじょう》で、外から強い力が加えられても、へこみにくいという特徴《とくちょう》があり

じょうぶでへこみにくいのが特徴。

写真提供：東洋製罐株式会社

ます。三浦博士は、宇宙空間で人工衛星が太陽光パネルをスムーズに開ける「ミウラ折り」も考案しています。このミウラ折りはすばやく広げたり、たたんだりすることができるので、地図、パンフレット、レジャーシートなどに幅広《はばひろ》く使われています。

そのほか、ＩＳＳで暮らす宇宙飛行士《うちゅうひこうし》のため、日本の衣料メーカーが開発した消臭下着《しょうしゅうしたぎ》もあります。この下着は地上向けに改良され、消臭抗菌《こうきん》機能を持つ下着として販売《はんばい》されています。

最近では地上で使っている製品《せいひん》を宇宙用に改良して使う動きもあります。ＪＡＸＡは国内の民間企業と協力して、宇宙船内服、靴下《くつした》、紙状に加工したシャンプーや洗剤《せんざい》など、さまざまな製品を開発し、宇宙に持って行っています。開発された製品は宇宙飛行士の生活を便利にするだけでなく、地上でも利用でき、人々の生活をより便利で快適《かいてき》なものにできるのです。

ミウラ折りの例

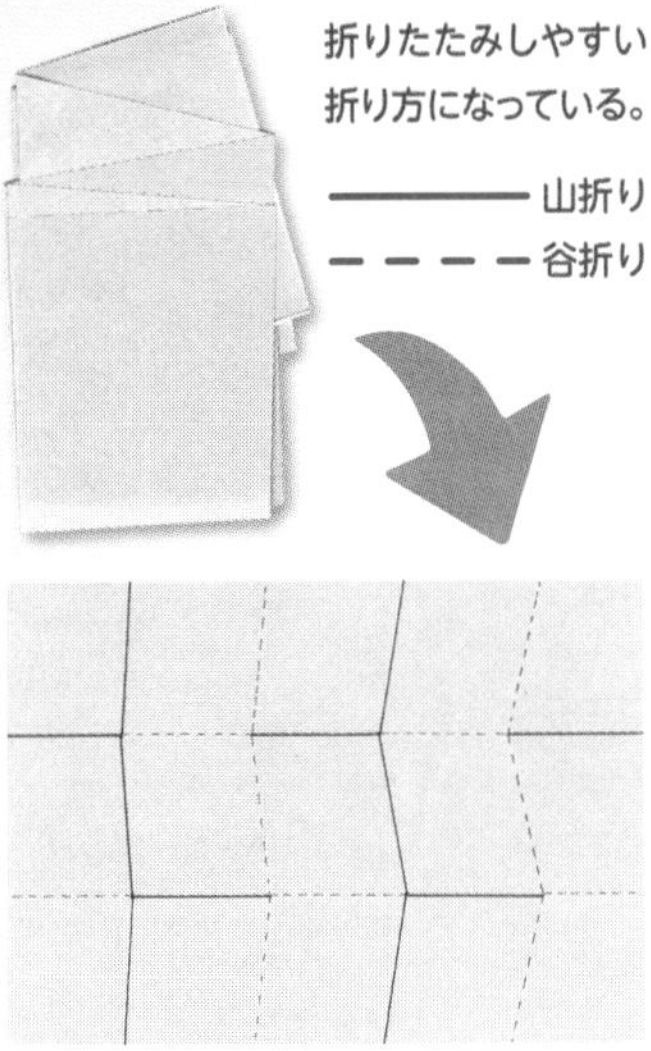

消臭下着のイメージ

よごれにくく、においもつきにくい下着が開発されている。

3章

宇《う》宙《ちゅう》に飛び出した人類2

1980年代、宇《う》宙《ちゅう》開《かい》発《はつ》技《ぎ》術《じゅつ》はさらに発《はっ》展《てん》し「スペースシャトル」という宇宙船も開発されました。

宇宙進出年表②

1972年
アメリカ航《こう》空《くう》宇《う》宙《ちゅう》局《きょく》（NASA《ナサ》）がスペースシャトルの開発を決める
（▶p.44）

1976年
最初のスペースシャトル「エンタープライズ」がテスト飛行に成功
（▶p.44）

1981年
「コロンビア」が人を乗せた宇宙飛行に成功
（▶p.44）

何度も宇宙に行かれるなんてすごい乗り物ね。

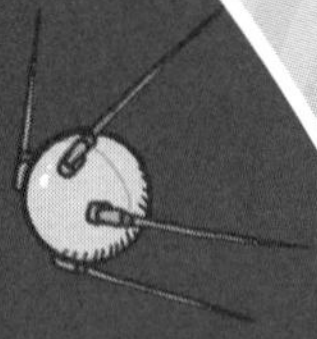

スペースシャトル

ホエ〜
宇宙が少し身近になったぞ。

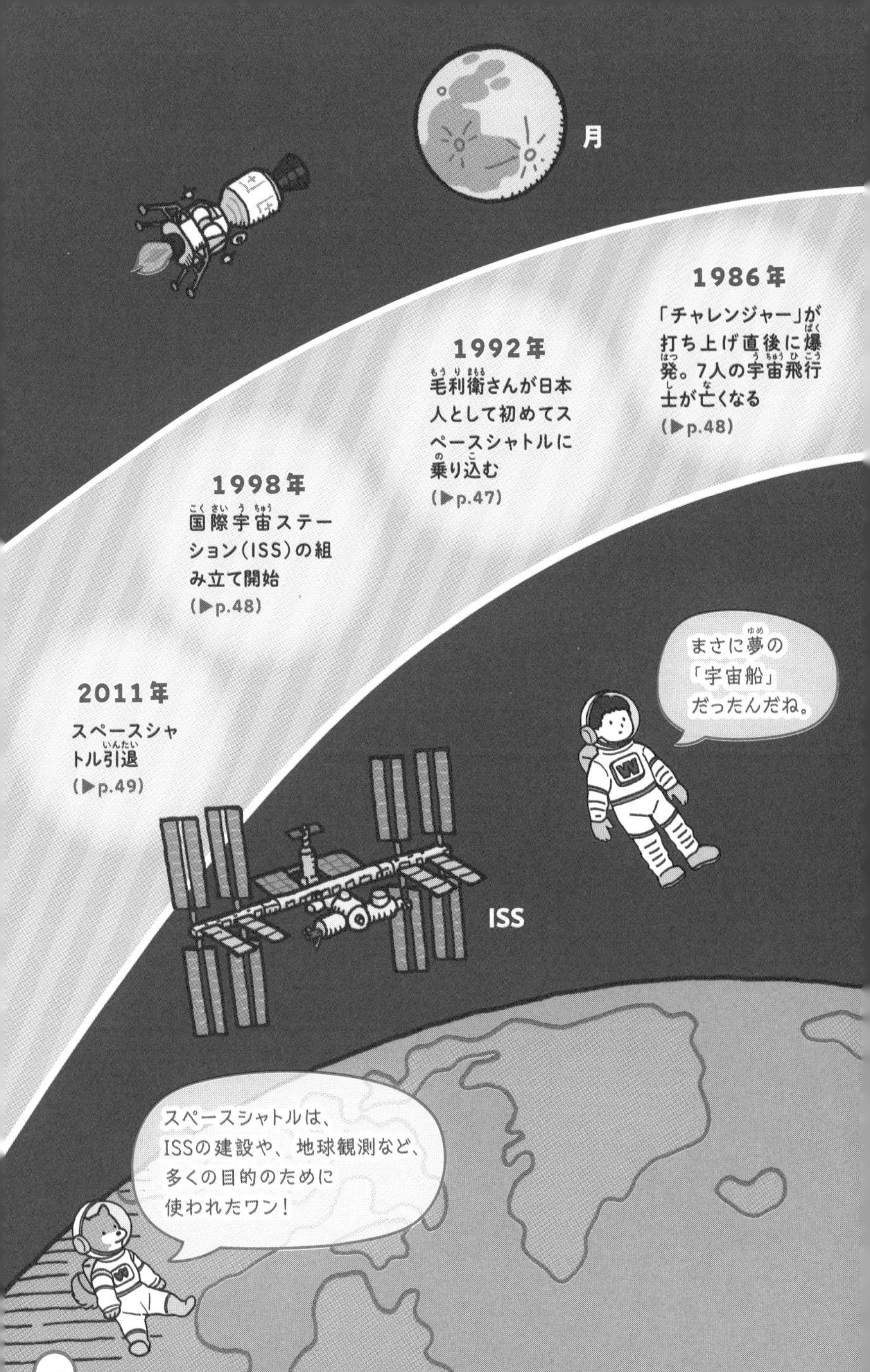

月
1986年
「チャレンジャー」が打ち上げ直後に爆《ばく》発《はっ》。7人の宇《う》宙《ちゅう》飛《ひ》行《こう》士《し》が亡《な》くなる
(▶p.48)
1992年
毛《もう》利《り》衛《まもる》さんが日本人として初めてスペースシャトルに乗《の》り込《こ》む
(▶p.47)
1998年
国《こく》際《さい》宇《う》宙《ちゅう》ステーション(ISS)の組み立て開始
(▶p.48)
2011年
スペースシャトル引退《いんたい》
(▶p.49)
まさに夢《ゆめ》の「宇宙船」だったんだね。
ISS
スペースシャトルは、ISSの建設や、地球観測など、多くの目的のために使われたワン!

何度も使える宇宙船、スペースシャトルの誕《たん》生《じょう》

2章で見てきたように、アポロ計画はアメリカの技《ぎ》術力《じゅつりょく》を世界中に知らしめることとなりました。でも同時に、莫大《ばくだい》な費用《ひよう》もかかりました。もともとの計画ではアポロは20号までつくる予定でしたが、アポロ11号の月面着陸の成功の約半年後に17号までで中止することが決まったのです。**ベトナム戦争**の影響《えいきょう》もあって、宇宙開発への予算を減《へ》らす必要があったからです。

NASAはアポロ計画の次に、人類が宇宙に滞在《たいざい》するための「宇宙ステーション計画」を考えましたが、アメリカ政府《せいふ》から認《みと》められず、実現《じつげん》しませんでした。でも、宇宙を行き来するための乗り物として計画されていた「スペースシャトル」だけは開発が認められました。1972年1月のことです。1976年には無人のテスト飛行を行い、1981年4月12日、人を乗せた記念すべき第1号のスペースシャトル・コロンビアがアメリカ

ベトナム戦争

1960年代に10年以上にわたって現在《げんざい》のベトナムで起こった戦争。南北ベトナムの争いにアメリカが介入《かいにゅう》し、第２次世界大戦以降《いこう》で最大の戦争となった。

1機のスペースシャトルをつくるのに、NASAの予想の倍以上のお金がかかったワン!

のフロリダ州ケネディ宇宙センターから打ち上げられました。コロンビアは地球低軌道《ていきどう》(p.10)を2日間で36周し、カリフォルニア州にあるエドワーズ空軍基地《くうぐんきち》に着地し、初飛行は大成功を収《おさ》めたのです。

スペースシャトルは、人が乗って何度も使えるしくみの宇宙船です。翼《つばさ》のついた宇宙船に大きな外部燃料《ねんりょう》タンクと固体ロケットブースターを組み

外部燃料タンク
固体ロケットブースター
USA

▲宇宙へと打ち上げられる、スペースシャトル・コロンビアのようす。写真:NASA

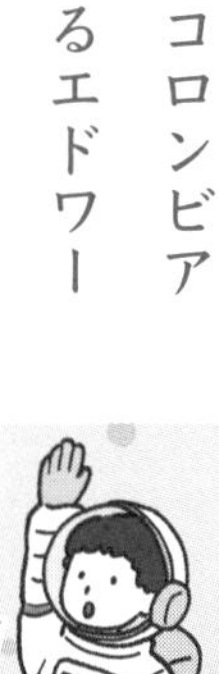
「ブースター」は、宇宙船を空に打ち上げるエンジンの力を強くするための装置《そうち》だよ。

合わせて打ち上げます。打ち上げ時は、宇宙船につけられた3つの主エンジンと2本の固体ロケットブースターによって空高く上がります。外部燃料タンクは、宇宙船の主エンジンに燃料の液体《えきたい》水素《すいそ》と液体《えきたい》酸素《さんそ》を送ります。

打ち上げから2分ほど過《す》ぎると、固体ロケットブースターは切《き》り離《はな》され、大西洋上に落下します。そして、9分後には宇宙船の主エンジンが停止《ていし》して、外部燃料タンクが分離《ぶんり》し、宇宙船だけが地球低軌道を周回します。

外部燃料タンクは分離された後に大気《たいき》圏《けん》で燃《も》えつきてしまいますが、固体ロケットブースターは海上で回収《かいしゅう》されます。スペースシャトルは、宇宙船だけでなく、固体ロケットブースターもくり返し利用できるしくみになっていました。

宇宙から帰還したスペースシャトル。
写真：NASA

宇宙船のことを
「オービター」と
よぶこともあるワン！

日本人宇宙飛行士もスペースシャトルに乗っていた！

スペースシャトル以前の宇宙船はとてもせまく、一度に乗れるのは3人ほどでした。7人ほどが乗れるスペースシャトルの登場により、宇宙に行ける人数が一気に増《ふ》えました。その結果、ヨーロッパやカナダなど、アメリカと友好的な関係にある国の宇宙飛行士も宇宙に行けるようになったのです。

日本も**宇宙開発事業団《うちゅうかいはつじぎょうだん》（NASDA《ナスダ》）**が日本人宇宙飛行士の募集《ぼしゅう》・養成を行いました。1985年に、毛利衛さん、向井千秋《むかいちあき》さん、土井隆雄《どいたかお》さんの3人が宇宙飛行士として選抜《せんばつ》され、1992年には毛利さんが日本人として初めてスペースシャトルに搭乗《とうじょう》しました。

スペースシャトルは1回のフライトで5日から14日ほど宇宙に滞在し、船内で多くの宇宙実験を行いました。また、大きな荷物を宇宙に運べると

宇宙開発事業団（NASDA）
2003年まで日本の宇宙開発を行っていた組織《そしき》。2003年から航空宇宙技術研究所、宇宙科学研究所と統合《とうごう》し宇宙航空研究開発機構《うちゅうこうくうけんきゅうかいはつきこう》（JAXA）となった。

6機のスペースシャトルの歴史《れきし》

最初に製造された「エンタープライズ」は滑《かっ》空《くう》試《し》験《けん》用《よう》につくられたもので、宇宙には行っていません。

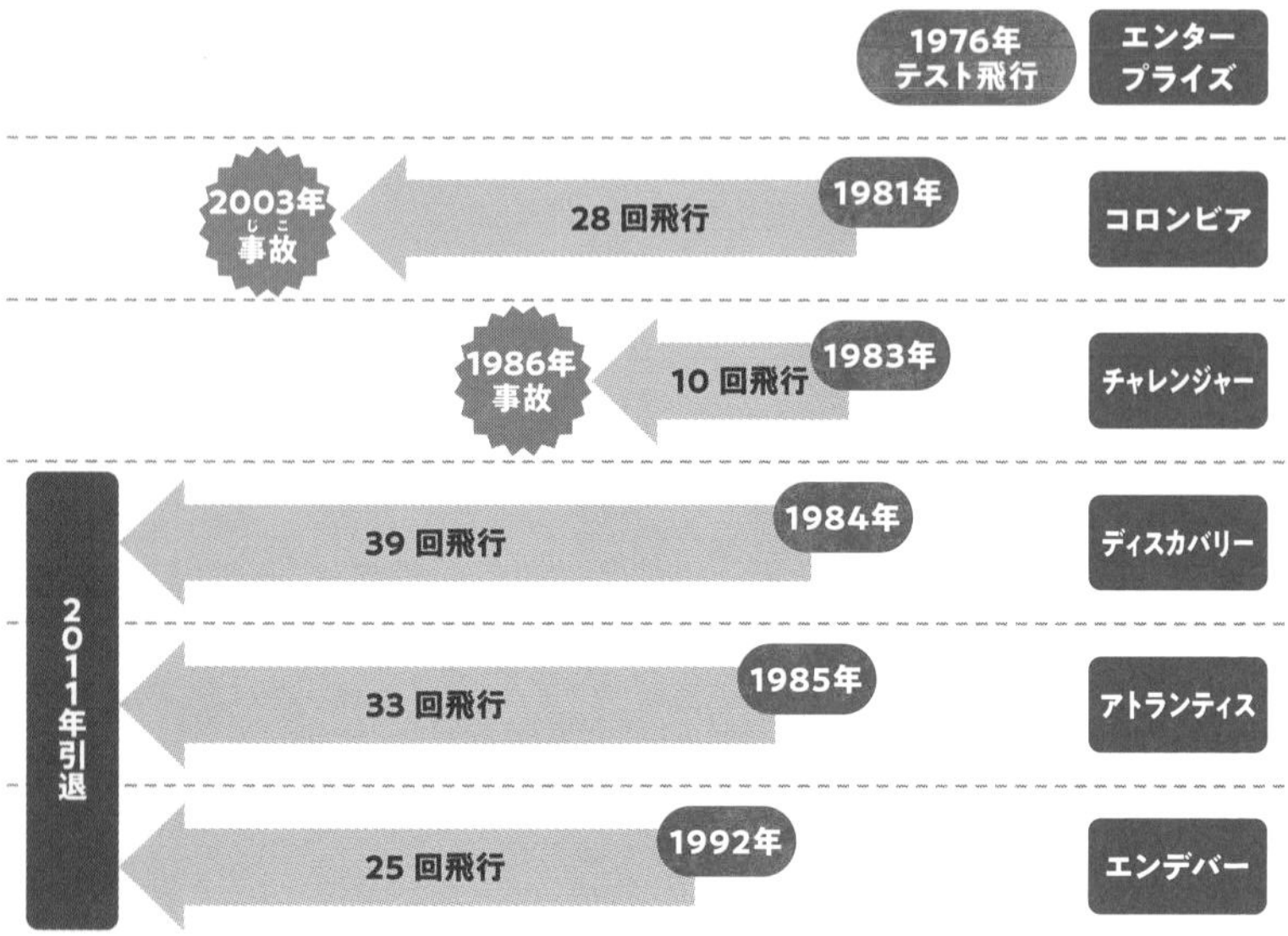

1976年 テスト飛行
エンタープライズ
1981年
28回飛行
2003年 事故《じこ》
コロンビア
1983年
10回飛行
1986年 事故
チャレンジャー
1984年
39回飛行
ディスカバリー
1985年
33回飛行
アトランティス
1992年
25回飛行
エンデバー
2011年引退

いう特徴《とくちょう》をいかして、国際宇宙ステーション（ISS）の建《けん》設《せつ》や**ハッブル宇宙望遠鏡**の運《うん》搬《ぱん》などでも活《かつ》躍《やく》しました。スペースシャトルは、引退までに16カ国、のべ355人を宇宙に運びました。そのうち日本人の宇宙飛行士は7人で、13回のフライトに搭乗したことで、日本人が宇宙をより身近に感じる大きなきっかけをつくりました。

スペースシャトルは全部で6機が製《せい》造《ぞう》され、30年間で合計135回のフライトを重ねました

ハッブル宇宙望遠鏡

地表約600kmの上空に打ち上げられた、口径2.4mの大型望遠鏡。スペースシャトルがドッキングでき、宇宙飛行士が望遠鏡の設置《せっち》や整備《せいび》を行った。

が、そのなかで大きな事故が2回発生しています。その時に搭乗していた宇宙飛行士は全員亡くなってしまい、計14人の尊《とうと》い命が犠牲《ぎせい》になりました。NASAはそれぞれの事故のあとに、くわしい原因究明《げんいんきゅうめい》を行い安全対策《あんぜんたいさく》を実施《じっし》しましたが、最初の計画よりも運用費用がかかることもあり、ISSを完成させた2011年7月のアトランティスのフライトを最後にスペースシャトルは引退することになりました。

世界平和の象徴《しょうちょう》「国際宇宙ステーション」

宇宙開発はソ連とアメリカの競争で始まり、発展してきました。アポロ計画でアメリカは世界初の月面着陸を実現しましたが、それ以外は多くの場合、ソ連が先行していました。宇宙ステーションの建設も1971年の「サリュート1号」の打ち上げ成功によってソ連が世界初の栄誉《えいよ》を得《え》ています。ソ連はサリュートを7号まで打ち上げ、その後は宇宙ステーション

ソビエト連邦の宇宙ステーション「ミール」。
写真：NASA

「ミール」を建設・運用し、2001年に引退するまでたくさんの宇宙飛行士が滞在しました。

アメリカも1973年に宇宙ステーション「スカイラブ1号」を打ち上げてソ連を追いかけましたが、このプロジェクトは1979年に終了《しゅうりょう》します。その後、アメリカは新たな宇宙ステーション計画に取り組み始めました。この計画にはヨーロッパ、カナダ、日本が参加を決定していましたが、1990年代に大きな変化が起こりました。長年、宇宙開発でアメリカと争っていた**ソ連が崩壊《ほうかい》**してしまったのです。この宇宙ステーション計画はソ連に対抗《たいこう》するためのものだったので、計画を推進《すいしん》する大きな意義《いぎ》が失われてしまいました。しかも、アメリカの経済状況《けいざいじょうきょう》も悪化していたため、1

ソ連の崩壊

複数《ふくすう》の共和国からできていたソビエト社会主義《しゃかいしゅぎ》共和国《きょうわこく》連邦《れんぽう》（ソ連）が1991年に内部で分裂《ぶんれつ》した。その後、体制《たいせい》を変え、現在のロシアやウクライナなどの国々となった。

ISSができるまでには、
こんな歴史があったのね！

993年に宇宙ステーション計画は大幅《おおはば》に規模《きぼ》を縮小《しゅくしょう》したのです。

同じ時期に、ソ連の研究開発を継《けい》承《しょう》したロシアがアメリカの宇宙ステーション計画に加わることが決まり、現在の国際宇宙ステーション（ISS）へと変わりました。長年、宇宙開発競争をしてきたアメリカとロシアが手を組んだISSは平和の象徴といえるものです。

ISSは1998年から40回以上に分けて少しずつ部品を宇宙に打ち上げて組み立てられました。完成前の2000年11月からは宇宙飛行士

ISSに滞在した世界の国々の宇宙飛行士の人数

•デンマーク 1人
•ベルギー 1人
•イタリア 5人
•ドイツ 4人
•スペイン 1人
•イギリス 1人
•フランス 4人
•オランダ 1人
カナダ 9人
•ロシア 57人
•カザフスタン 1人
スウェーデン 1人
韓国 1人
•アメリカ 163人
イスラエル 1人
日本 11人
ブラジル 1人
マレーシア 1人
アラブ首長国連邦 2人
サウジアラビア 2人
南アフリカ 1人

（2023年5月現在）

1998年、ISSの建設作業をする宇宙飛行士のようす。写真：NASA

の滞在が始まり、宇宙で暮《く》らしながらISSの組み立てを行いました。そして2011年7月、ついに完成しました。組み立てに参加した国は全部で15ヵ国にのぼりました。

ISSには今も各国の宇宙飛行士が交代で滞在し、たくさんの仕事をしています（p.53から深ぼり！）。日本の宇宙飛行士のなかでも、若田光一《わかたこういち》さんや星出彰彦《ほしであきひこ》さんはISSの船長も務《つと》めました。2023年5月23日現在、民間の宇宙飛行も含め21ヵ国から、のべ269人がISSに滞在しました。

ISSには「宇宙ステーション補給機《ほきゅうき》」という無人機で食べ物などが届《とど》けられるんだワン。

宇宙に浮《う》かぶ実験施設《しせつ》

国際宇宙ステーション(ISS)を深ぼりしよう！

国際宇宙ステーションについてくわしく解説《かいせつ》するぞ。

考えてみよう！

国際宇宙ステーションについて、正しいのはどれかな。

1 ソ連が開発した

2 アメリカの宇宙飛行士だけが滞在できる

3 日本をはじめ、世界の国々が協力している

国際宇宙ステーションは、平和の象徴だったぞ！

ロシアも参加していたよね。

開発の中心になったのはアメリカだったよね。

こたえは……

③ 日本をはじめ、世界の国々が協力している

国際宇宙ステーションは15ヵ国が協力して運用しているぞ。アメリカと長年、宇宙開発を争っていたソビエト連邦が崩壊したため、その技術を継承《けいしょう》したロシアも建設、運用に協力しているのじゃ。

ISSはサッカー場と同じくらいの広さ!

国際宇宙ステーション(ISS)は、地表から400km上空の軌道を秒速約7・9kmの速さで飛行しています。太陽光発電パネルを取りつけた太陽電池パドルを含めるとサッカー場とほぼ同じ大きさで、約420tもの重さがあります。現在、宇宙空間を飛行するなかで一番大きな構造物《こうぞうぶつ》となります。

ISSには居住《きょじゅう》モジュールや実験モジュールなど、地球と同じように約1気圧《きあつ》の空気が満たされた与圧《よあつ》モジュールがいくつ

これを宇宙空間で組み上げたなんてすごい!!

宇宙に浮かぶISS

写真：NASA

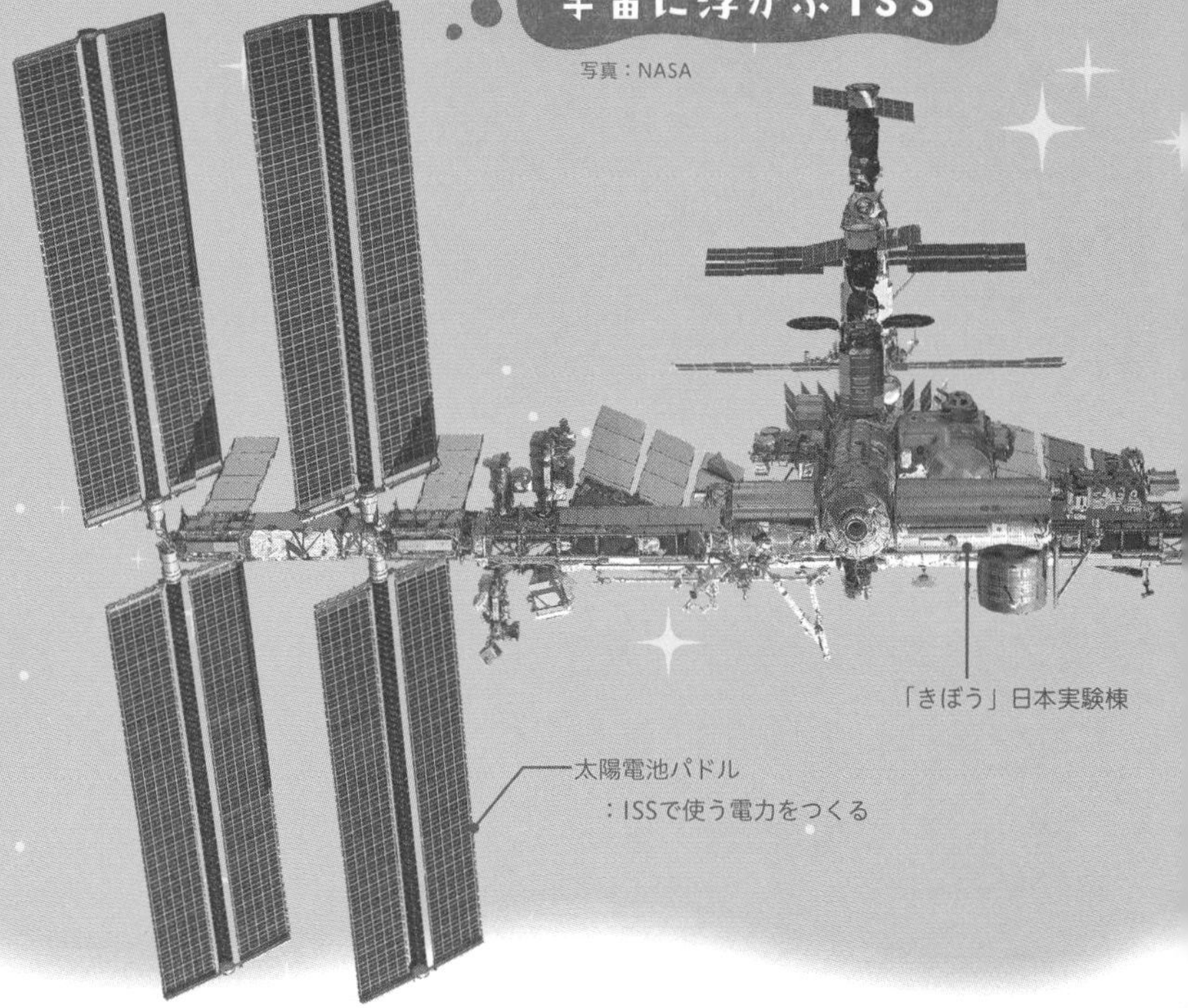

もあります。これらの与圧モジュールの容積は900㎥以上で、ジャンボジェット機の1・5倍ほどの空間です。ここに宇宙飛行士が交代で滞在し、宇宙実験などを行っています。

ISSの中で日本が開発を担《たん》当《とう》したのが「きぼう」日本《にほん》実験棟《じっけんとう》です。「きぼう」は日本にとって初となる有人宇宙施設で、船内実験室は直径4・4m、長さ11・2mと、ISSの中で一番大きな空間です。中にはたくさんの実験装置が設置され、マウスの飼育《しいく》、きれいなタンパク質

「きぼう」の船内実験室は大型《おおがた》バスが入るくらいの大きさなんだワン！

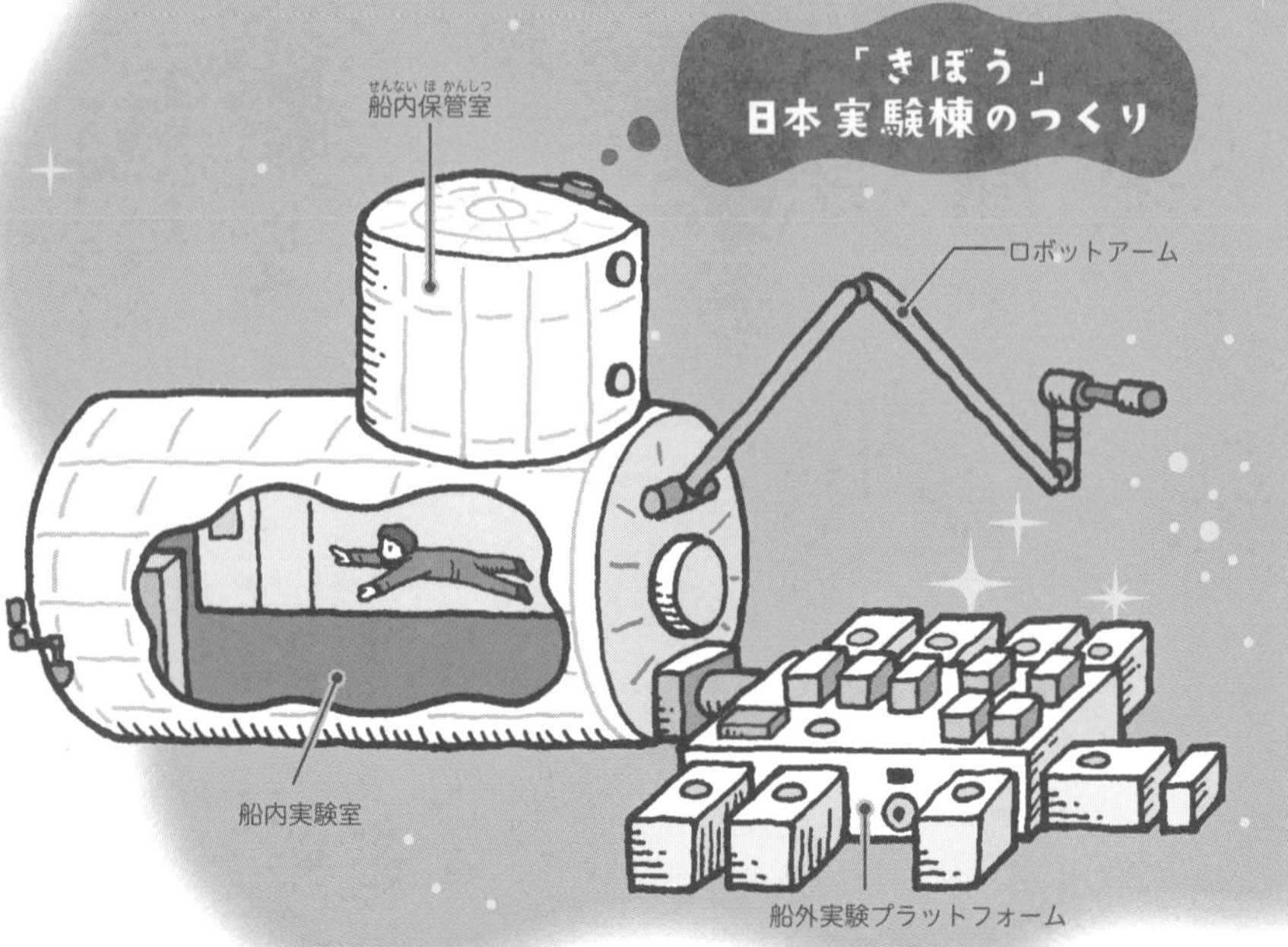
「きぼう」
日本実験棟のつくり
船内保管室《せんないほかんしつ》
ロボットアーム
船内実験室
船外実験プラットフォーム

の結晶をつくる実験、金属《きんぞく》などを空中に浮かせて溶かす実験など、重力がほとんどない環境を利用した実験がたくさん行われています。

「きぼう」には船外実験プラットフォームもあり、実験試料や実験装置を宇宙空間にさらし、真空状態《じょうたい》や**宇**《う》**宙**《ちゅう》**放**《ほう》**射**《しゃ》**線**《せん》などの影響を調べたりする実験もできます。ISSの中でも、このような実験施設はとても珍《めずら》しいものです。船外実験プラットフォームでは、実験装置を入《い》れ替《か》えることでさまざまな種類の実験を実施できます。

「きぼう」日本実験棟は
4つのパーツからできて
いるワン！

宇宙放射線

宇宙空間を飛び交う電子やX線など、エネルギーの高い粒子や電磁波のこと。

3章 まとめ

さまざまな国の宇宙飛行士が宇宙へ！

スペースシャトルの開発や国際宇宙ステーション（ISS）建設によって、日本人の宇宙飛行士も活躍するようになったんだ。日本は「きぼう」日本実験棟をつくり、アメリカ、ロシア、ヨーロッパなどと共にISSの運用もしているよ。

2023年12月現在までの間でISSに長期滞在した日本人宇宙飛行士は7人。その中で若田光一さんと星出彰彦さんはISSの責任者《せきにんしゃ》である船長も経験したよ。

「きぼう」日本実験棟では重力がほとんどないという宇宙空間の特性《とくせい》をいかして、生命科学や物理学、医療《いりょう》などにも関連する実験がたくさん行われているよ。

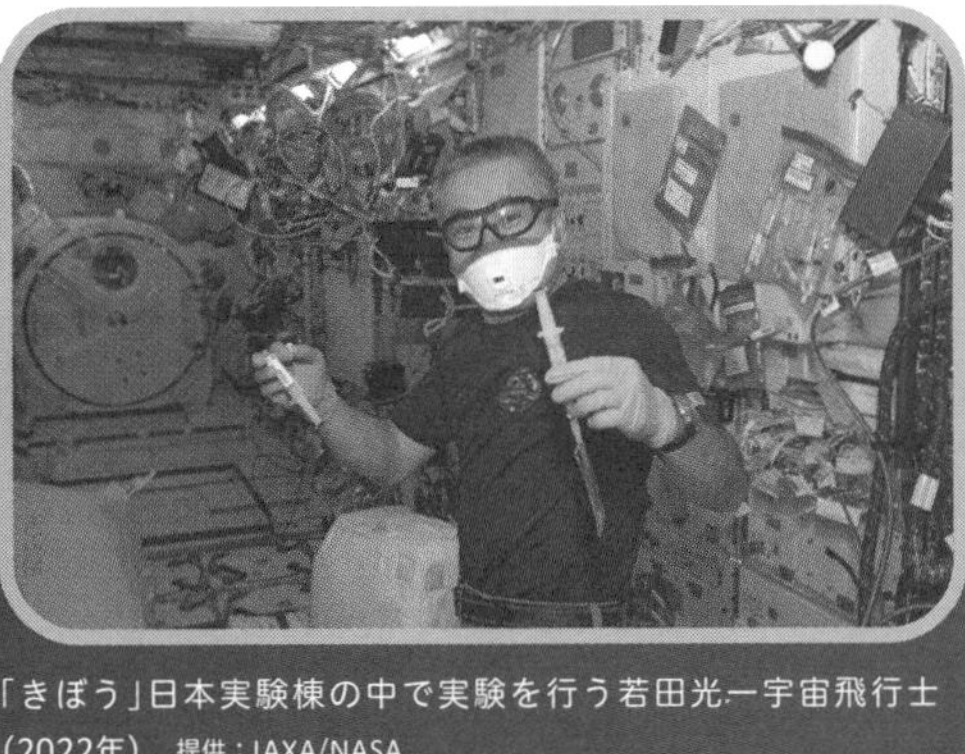

「きぼう」日本実験棟の中で実験を行う若田光一宇宙飛行士（2022年）。提供：JAXA/NASA

プラスワン

選《せん》択《たく》の幅《はば》が広がる宇《う》宙《ちゅう》食《しょく》

過酷《かこく》な環境《かんきょう》である宇宙に滞在《たいざい》する宇宙飛行士《うちゅうひこうし》にとって、食事は大きな楽しみの一つです。宇宙飛行士が食べているものを見てみましょう。

どんどん増《ふ》える、宇宙食の種類

宇宙食は宇宙開発が始まった直後の1960年代から登場しています。当時は栄養補給《えいようほきゅう》ができればいいと考えられていたこともあり、宇宙食は一口サイズの固形食やチューブに入った離《り》乳食《にゅうしょく》のようなものでした。当然、あまりおいしいものではなく、宇宙飛行士には不評《ふひょう》でした。

しかし、時代が進むにつれて乾燥《かんそう》食品、フリーズドライ、缶詰《かんづめ》、レトルト食品など、宇宙に持っていくことのできる食品の幅が大きく広がっています。さらに、補給船で果物や野菜などの生鮮《せいせん》食品も運びこむため、新鮮《しんせん》な食品もある程度《ていど》は食べられるようになっています。今や宇宙食のメニューは300種類を超《こ》えていて、ISSに滞在中は自分の好みのメニューを選ぶことができます。

JAXA《ジャクサ》は宇宙飛行士の食生活をより豊《ゆた》かにするために、日本の食品メーカーによびかけて、「宇宙日本食」の開発も進めています。宇宙日本食には、宇宙飛行士の健康を維持《いじ》するために必要な栄養が保《たも》たれていること、少なくとも常温《じょうおん》で1年半の賞味期限《しょうみきげん》が保てること、無重力の環境でも液体《えきたい》や粉末《ふんまつ》が飛び散らないこと、などの厳《きび》しい基準《きじゅん》があります。こうした基準をクリアし、今のところ、レトルトカレー、白飯、ようかん、ラーメン、サンマの蒲焼《かばや》きなど、53品目が認証《にんしょう》されています(2023年12月現在)。

国際宇宙《こくさいうちゅう》ステーション(ISS)ではアメリカとロシアが提供《ていきょう》する宇宙食が「標準食《ひょうじゅんしょく》」として提供されています。宇宙日本食は「ボーナス食」として、標準食を補完《ほかん》する位置づけですが、他の国の宇宙飛行士からも「おいしい」と好評《こうひょう》なようです。もしかしたら将来《しょうらい》、私たちも宇宙で宇宙日本食を食べるかもしれませんね。

宇宙食の歴史《れきし》

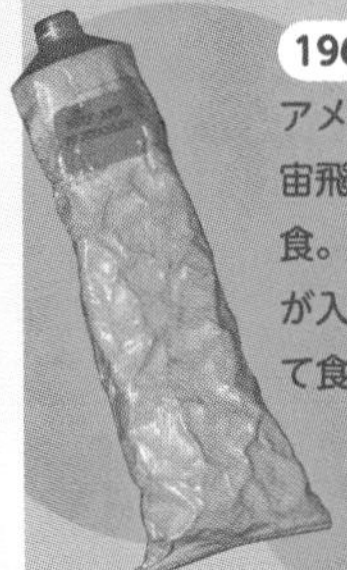

1962年　初期の宇宙食

アメリカのジョン・グレン宇宙飛行士が持っていった宇宙食。ペースト状《じょう》の牛肉と野菜が入っていて、直接《ちょくせつ》口をつけて食べる。写真：NASA

1970年代　スカイラブ計画

アメリカの宇宙ステーション「スカイラブ」での宇宙食。冷蔵庫《れいぞうこ》があり、地上の食事に近い宇宙食を食べることができた。トレイには缶詰を温める機能《きのう》もあった。

写真：NASA

現在《げんざい》　国際宇宙ステーション

宇宙日本食のカップヌードル(左)などのほか、一定期間は新鮮な野菜や果物を食べることができる(右)。写真左：JAXA

4章 宇《う》宙《ちゅう》開《かい》発《はつ》に乗り出す民間企《き》業《ぎょう》

宇宙開発に挑《いど》んでいるのは国の機関だけではありません。民間企業の挑戦《ちょうせん》も始まっています。

国際《こくさい》宇宙《うちゅう》ステーション(ISS)に人や物を届《とど》けるため、現在《げんざい》も定期的に宇宙船が飛んでいるワン。
いってらっしゃい
ホエ〜
宇宙船の開発について見てみるぞ。

スペース
宇宙船はどんどん
改良されているんだって。
将来《しょうらい》、私たちも
宇宙旅行に行ける
かもしれないわね！

宇宙と地球を行き来する宇宙船

国際宇宙ステーション(ISS)に何人もの宇宙飛行士《うちゅうひこうし》が滞在《たいざい》するようになったことで、宇宙はより身近な存在《そんざい》になりました。ISSには常時6人ほどの宇宙飛行士が滞在し、宇宙実験、天体観測《てんたいかんそく》、地球観測、教育・文化活動など、宇宙空間でしかできない、さまざまな実験や取り組みが行われています。地球と通信をつないで、宇宙飛行士が宇宙からテレビに出演《しゅつえん》することもあります。

ISSは宇宙最大の人工構造物《じんこうこうぞうぶつ》ですが、空間には限《かぎ》りがあります。また、人が暮《く》らし、いろいろな実験を続けるためには、食べ物や実験のための材料(試料)などを定期的に地上から届《とど》けないといけません。さらに、滞在する宇宙飛行士が入《い》れ替《か》わるために、人を安全に乗せて行き来するための乗り物も必要です。そこで使用されているのが、物資《ぶっし》を運ぶための補給《ほきゅう》機《き》と、人を乗せて飛ぶ宇宙船です。

いろいろな補給機

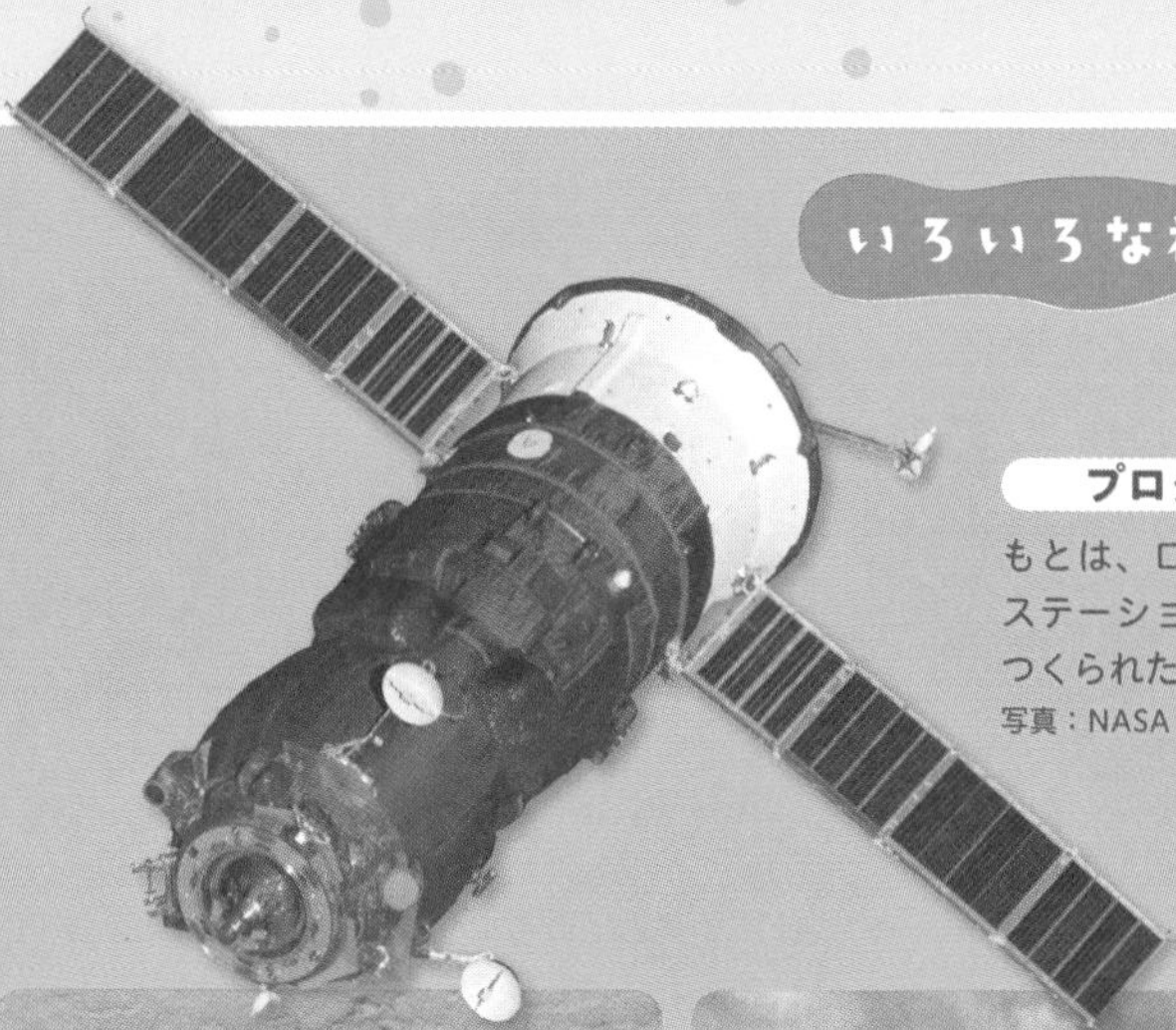

プログレス

もとは、ロシアの宇宙ステーションのためにつくられた補給機。

写真：NASA

写真：NASA

シグナス

アメリカのノースロップ・グラマン社が運用する補給機。ISSに物資を運ぶために開発された。

写真：NASA

ドラゴン

アメリカのスペースX社がつくった補給機。人を乗せることができる「クルードラゴン」も開発された。

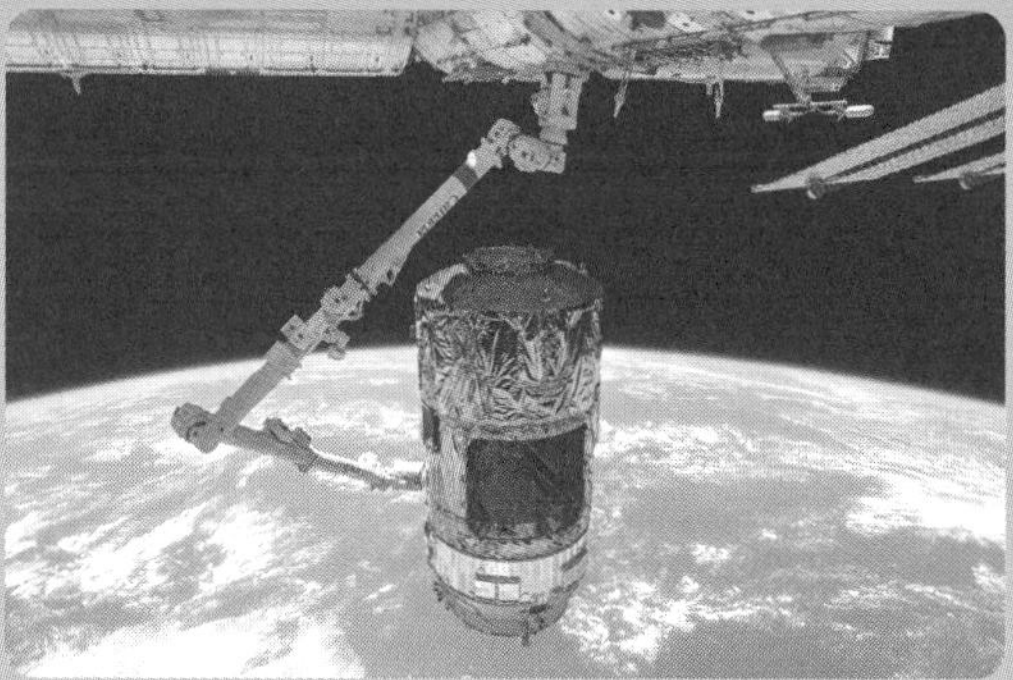

こうのとり

日本の宇《う》宙《ちゅう》航《こう》空《くう》研《けん》究《きゅう》開《かい》発《はつ》機《き》構《こう》(JAXA《ジャクサ》)が開発した宇宙ステーション補給機。9機が活躍《かつやく》した。提供：JAXA/NASA

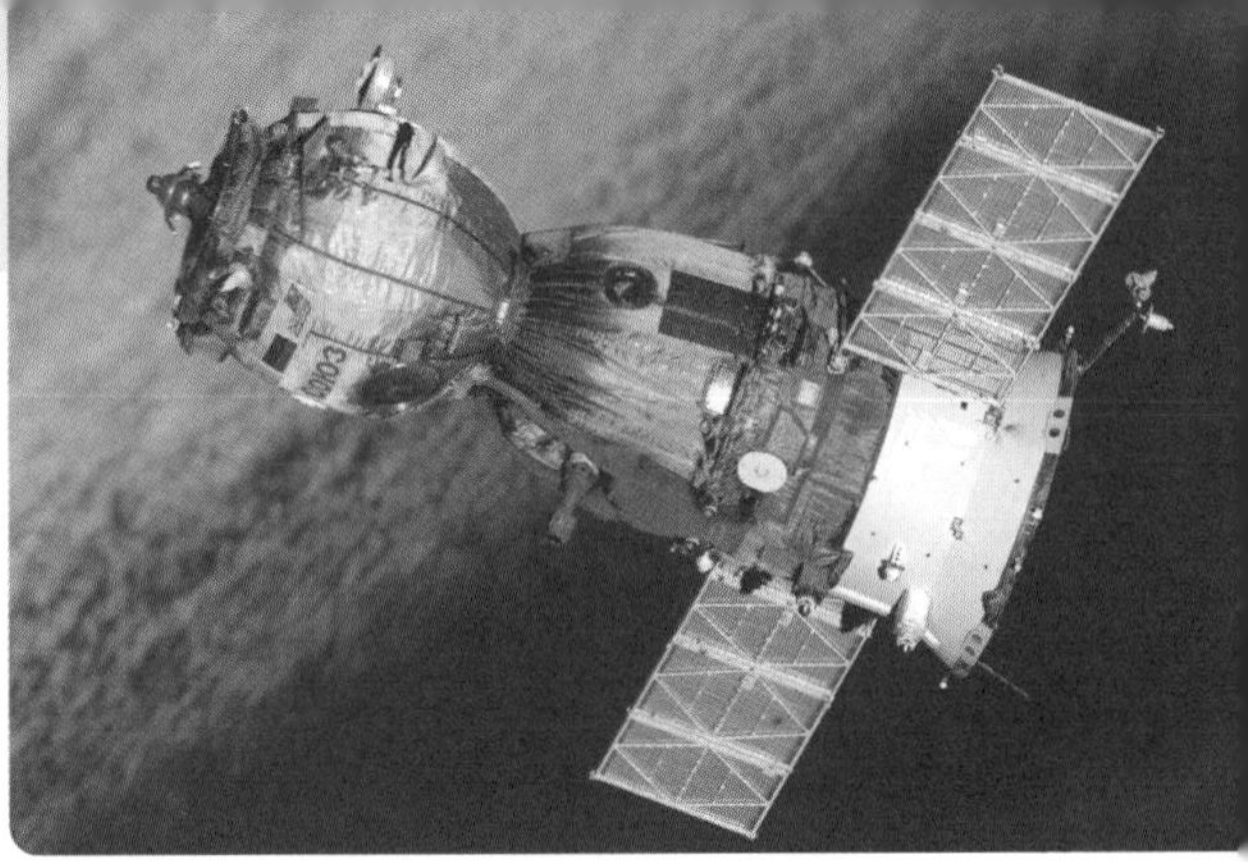

ソユーズ

ロシアが開発した宇宙船で、3人まで乗ることができる。3つのパーツに分かれていて、宇宙飛行士たちは「帰還船《きかんせん》」で地球に戻《もど》ってくる。写真:NASA

2023年現在、ISSに地上から物資を運ぶ補給機としてロシアの「プログレス」、アメリカの「ドラゴン」と「シグナス」の3種類が活躍しています。

2020年までは日本の宇宙ステーション補給機「こうのとり」も大活躍していました。「こうのとり」は全長10m、直径約4・4mの大きさの無人補給機で、最大で6tもの物資を運ぶことができます。その特徴《とくちょう》をいかして、他の補給機では運べない大型《おおがた》の実験《じっけん》装置《そうち》を運んだりしました。「こうのとり」は2009年にI号機が打ち上げられ、2020年に打ち上げられた9号機まで、すべての打ち上げに成功し、補給ミッションをやりとげました。6号機から9号機までの4機は合計24個《こ》の大型バッテリーをISSまで運んでいます。現在は「こうのとり」の後継機《こうけいき》となる新たな補給機

ISSに物資を届けるのって、
大切な仕事なのね！

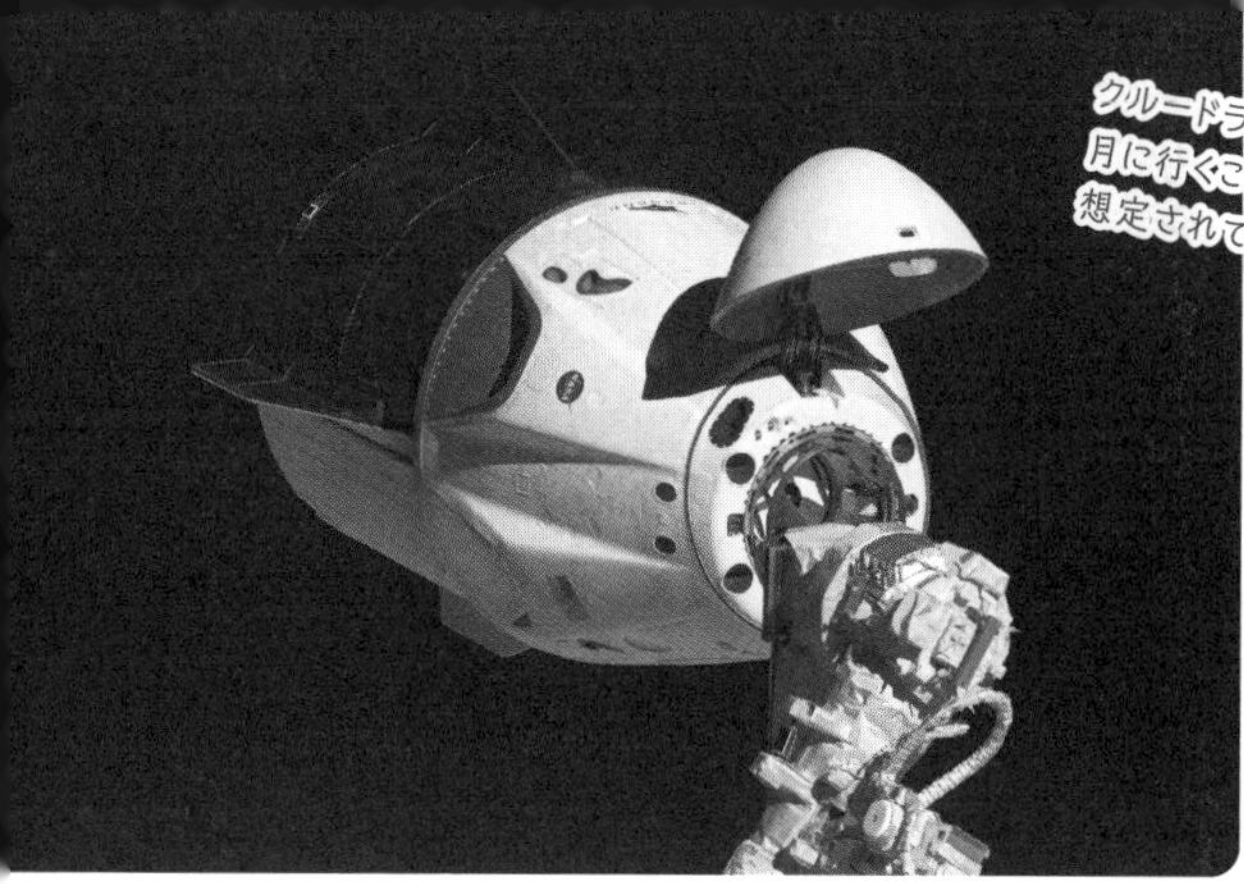

クルードラゴン

アメリカのスペースX社が開発した宇宙船で、7人まで乗ることができる。ISSに近づくと先端《せんたん》が開いて、ISSと接続《せつぞく》(ドッキング)する。写真:NASA

「HTV-X」の開発が進められています。

人を乗せてISSと行き来する宇宙船は、2011年7月まではアメリカのスペースシャトル(p.44)が使われていました。スペースシャトルの引退《いんたい》後《ご》は、有人宇宙船はロシアの「ソユーズ」だけの時代が続きました。この間は、アメリカや日本の宇宙飛行士も「ソユーズ」を使ってISSと地球の間を行き来していました。

そして2020年からは、アメリカのNASA《ナサ》が支《し》援《えん》して民間企業がつくった新しい宇宙船「クルードラゴン」(⇩p.71から深ぼり!)による宇宙飛行士の輸送《ゆそう》が始まりました。

このようにして、ISSに物資や宇宙飛行士を運ぶ手《しゅ》段《だん》は時代と共に変化しています。

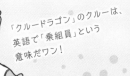

民間企業が支《ささ》える宇宙開発

これまでの宇宙開発は、アメリカのNASA、日本のJAXAといったそれぞれの国の宇宙開発研究機関が中心になって進めてきました。でも、最近は国の機関だけでなく、民間企業も宇宙開発に積極的に関わっています。ISSに物資を運ぶアメリカの補給機「ドラゴン」と「シグナス」も民間企業によって開発・運用が行われています。

これまでも民間企業は宇宙開発に関わっていました。例えば、スペースシャトルの開発には、ノースアメリカン・ロックウェル社を中心にたくさんの民間企業が関わりました。しかし、この開発はNASAが中心となって行い、NASAが希望する通りの宇宙船を設計《せっけい》して製造《せいぞう》したものです。運用もNASAが中心に行っていました。

それに対して、「ドラゴン」や「シグナス」は民間企業が中心となって開発し、独自《どくじ》に運用しているものです。NASAは民間企業の宇宙船やロケッ

NASAが民間企業を支援するしくみは「商業軌道輸送《しょうぎょうきどうゆそう》システムプログラム（COTS《コッツ》）」というワン。

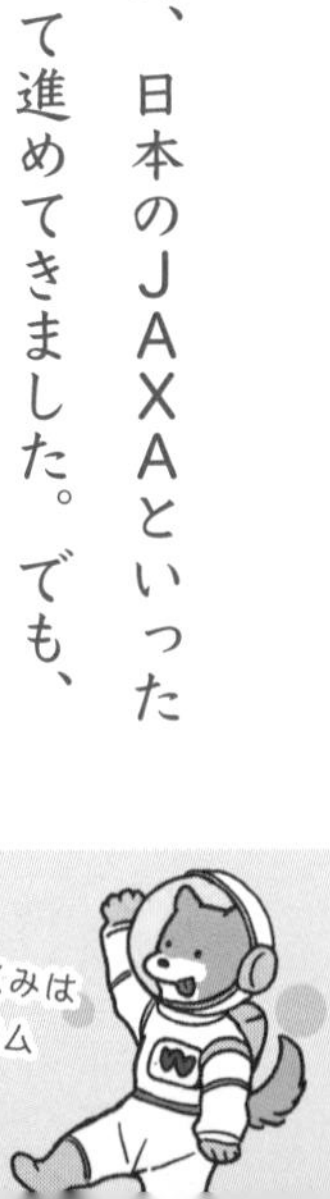

Dream Chaser
SNC

ドリーム・チェイサーの試作機

全長９ｍの宇宙船。現在は無人補給機として開発中だが、将来は有人飛行を行う可能性も。写真：NASA/Ken Ulbrich

ト開発を支えるしくみをつくり、スペースX社とオービタル・サイエンシズ社（現ノースロップ・グラマン社）を支援しました。その結果、スペースX社が「ドラゴン」と「ファルコン9ロケット」を、オービタル・サイエンシズ社が「シグナス」と「アンタレスロケット」を開発しました。NASAはそれぞれの補給機の輸送サービスに依頼《いらい》して、たくさんの物資をISSに運んでもらっているのです。

2016年にはシエラ・ネバダ社が開発した「ドリーム・チェイサー」という宇宙船も、ISSへの物資補給を担《にな》うことが決まりました。

民間の企業がつくることで、一般《いっぱん》の人の利用もしやすくなるんだね。

補給機のほか、２０２０年に本《ほん》格《かく》的《てき》な運用がスタートした有人宇宙船「クルードラゴン」もスペースX社が開発、運用しています。ＮＡＳＡはスペースX社にお金を払《はら》って宇宙飛行士をＩＳＳまで乗せてもらっています。

クルードラゴンは民間人を宇宙に乗せて行くこともできます。２０２１年９月には、４人の民間人を乗せて地球低軌道を周回しました。こうした民間人の宇宙滞在の機会は増《ふ》えてきていて、２０２２年４月にはアメリカの民間企業アクシオン・スペース社が行ったミッションで４人の民間人がＩＳＳに滞在しました。

宇宙ステーションも民間が開発、運用する時代へ

民間企業の進出は宇宙ステーションにも広がりつつあります。２０１１年７月に完成したＩＳＳは運用期間を何度か延長《えんちょう》してきたものの、２０３

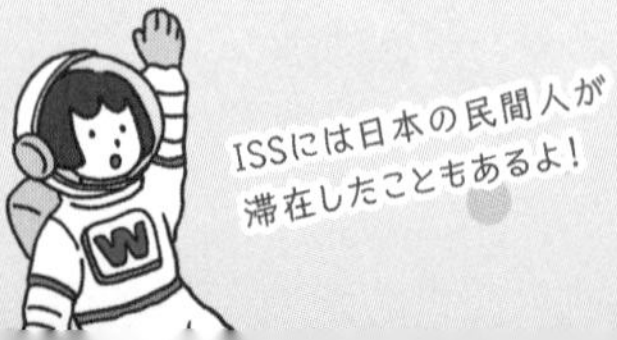
ISSには日本の民間人が
滞在したこともあるよ！

アクシオン・ステーションの想像図《そうぞうず》

現在のISSにドッキングする形で一部のステーションを運用し、その後ISSから切《き》り離《はな》して使用する予定。

提供：Axiom Space

1年1月に引退する可能性《かのうせい》が高くなってきました。ISSが引退した後は、民間企業が地球低軌道に新たな宇宙ステーションをつくり、運用する予定です。

例えばアクシオン・スペース社はISSに「アクシオン・セグメント」という新たなモジュールを接続《せつぞく》する計画を発表しています。ISSが引退したあとは、アクシオン・セグメントをISSから分離《ぶんり》し、独立《どくりつ》した宇宙ステーション「アクシオン・ステーション」を稼働《かどう》させる予定で、ISSが行っていた実験施設《じっけんしせつ》としての役割《やくわり》なども引《ひ》き継《つ》ぎます。

そのほかにもNASAは民間会社が進めている宇宙ステーション計画からISSの後継機《こうけいき》を

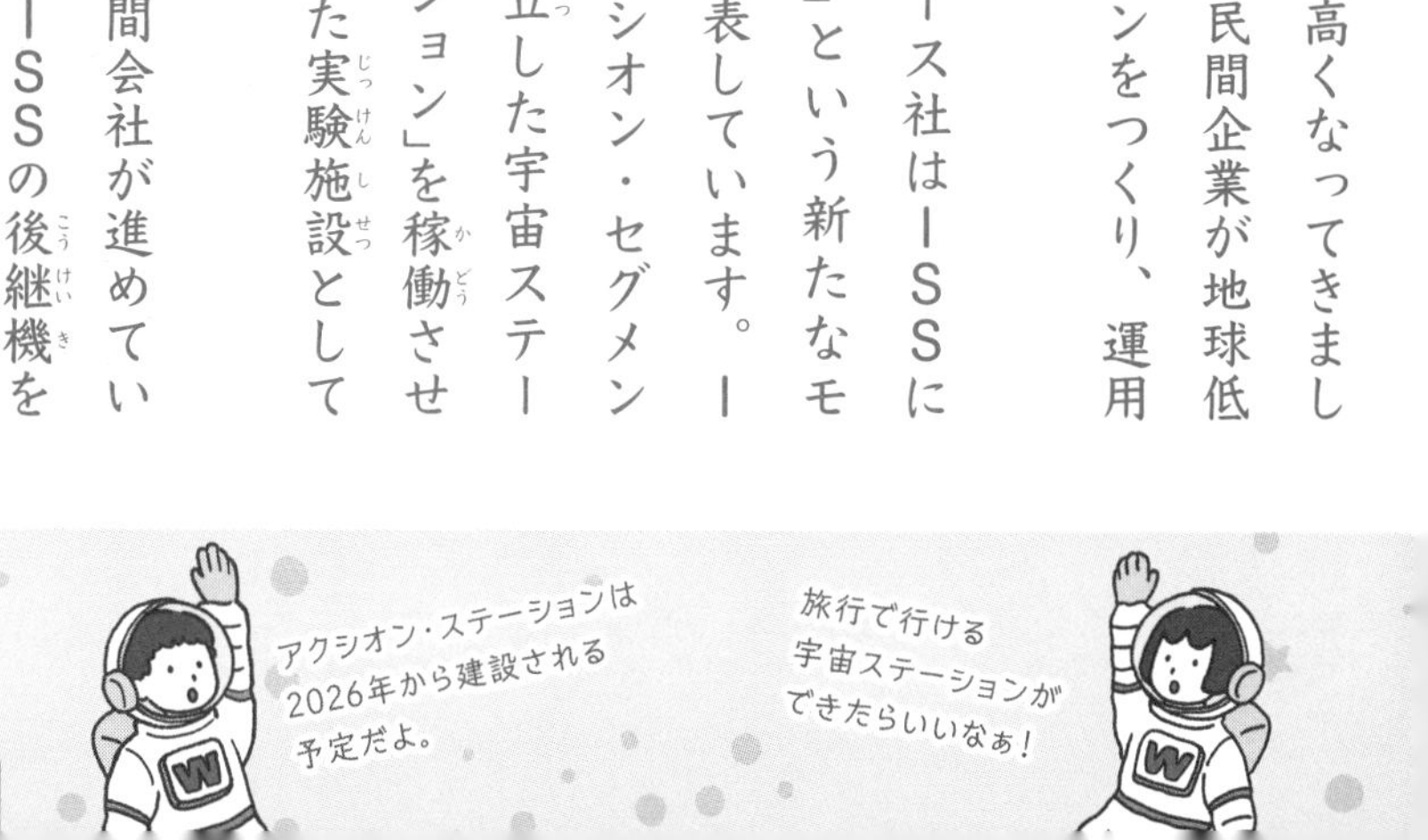
アクシオン・ステーションは2026年から建設される予定だよ。
旅行で行ける宇宙ステーションができたらいいなぁ！

選出する計画を進めています。新たな民間宇宙ステーションには、科学実験場や宇宙ホテルなどがつくられる予定です。順調に進めば、ＮＡＳＡなどの国の機関は、これらの民間宇宙ステーションにお金を払って施設を借りて宇宙飛行士を滞在させ、科学実験などを行うことになるでしょう。

　民間宇宙ステーションには私たちのような一般の人も滞在できるので、宇宙旅行に訪《おとず》れた人たちが宇宙飛行士と同じ宇宙ステーションに滞在したり、科学者が自分で実験をするために宇宙ステーションに出張《しゅっちょう》したりする未来が来るかもしれません。

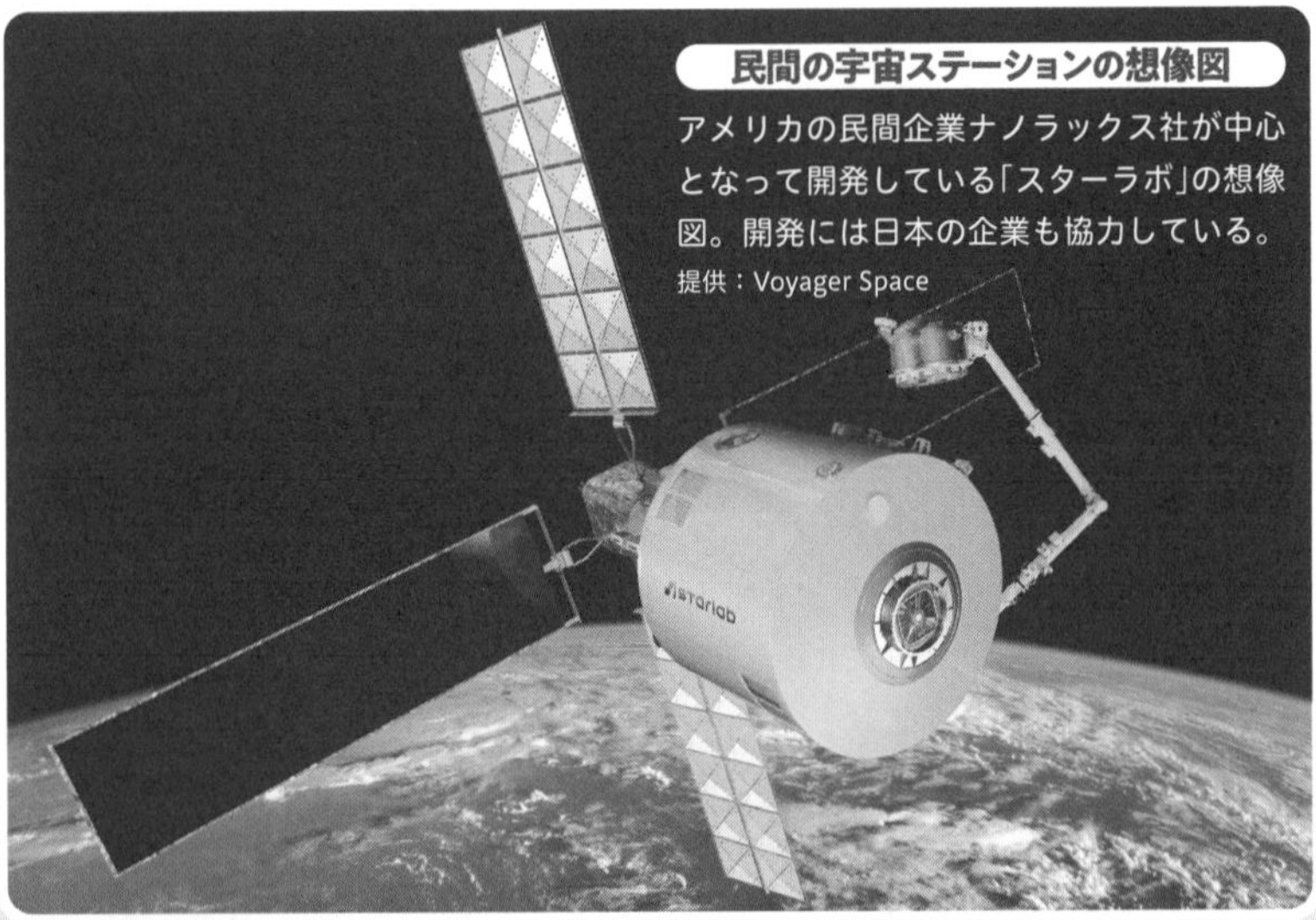

民間の宇宙ステーションの想像図

アメリカの民間企業ナノラックス社が中心となって開発している「スターラボ」の想像図。開発には日本の企業も協力している。
提供：Voyager Space

宇宙がすぐそばに!?

民間宇宙開発について深ぼりしよう!

民間企業の宇宙開発参加
について解説《かいせつ》するぞ。

考えてみよう!

アメリカ初の民間有人宇宙船の名前は?

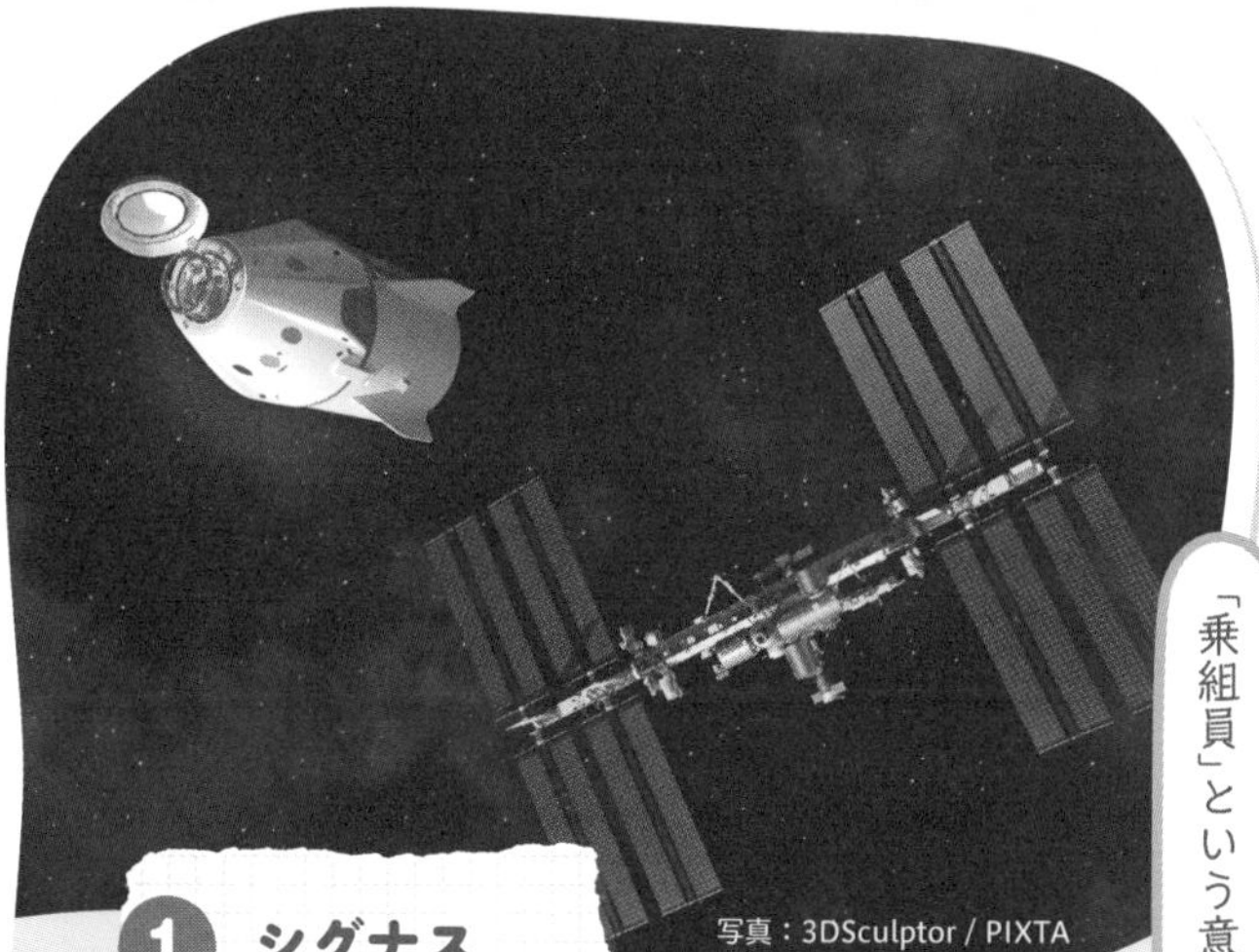

写真：3DSculptor / PIXTA

1 シグナス

2 クルードラゴン

3 こうのとり

「乗組員」という意味の英語が使われていたぞ。

2つの言葉が合わさっていたよね。

アメリカ、ということは③ではなさそうね。

こたえは……

❷ クルードラゴン

クルードラゴンはアメリカのスペースX社が開発・運用している有人宇宙船じゃ。クルードラゴンの開発により、アメリカは再《ふた》び宇宙に人を送ることができるようになったぞ。

有人宇宙船を大きく進化させたクルードラゴン

宇宙開発にはとてもたくさんのお金がかかります。国際宇宙ステーション（ISS）計画を進めるなかで、アメリカは宇宙開発のすべてを国の宇宙機関だけでするのではなく、民間企業にも積極的に参加してもらおうと考えました。

NASAは民間企業が進めるISSへの無人補給機や有人宇宙船の開発を支援して、無人補給機の「ドラゴン」と「シグナス」、有人宇宙船の「クルードラゴン」が実際《じっさい》に商業運用を始めています。特に、人を乗せて宇宙に行くことのできるクルードラゴンが登場したことで、民間企業による宇宙開発の時代がやって来たことを世界中の人たちに印象《いんしょう》づけました。スペースシャトルの引退以来、アメリカは9年ぶりに人を宇宙に送り届ける技術《ぎじゅつ》を手

アメリカでは、民間企業の開発を助けるため、NASAがお金を出しているんだワン！

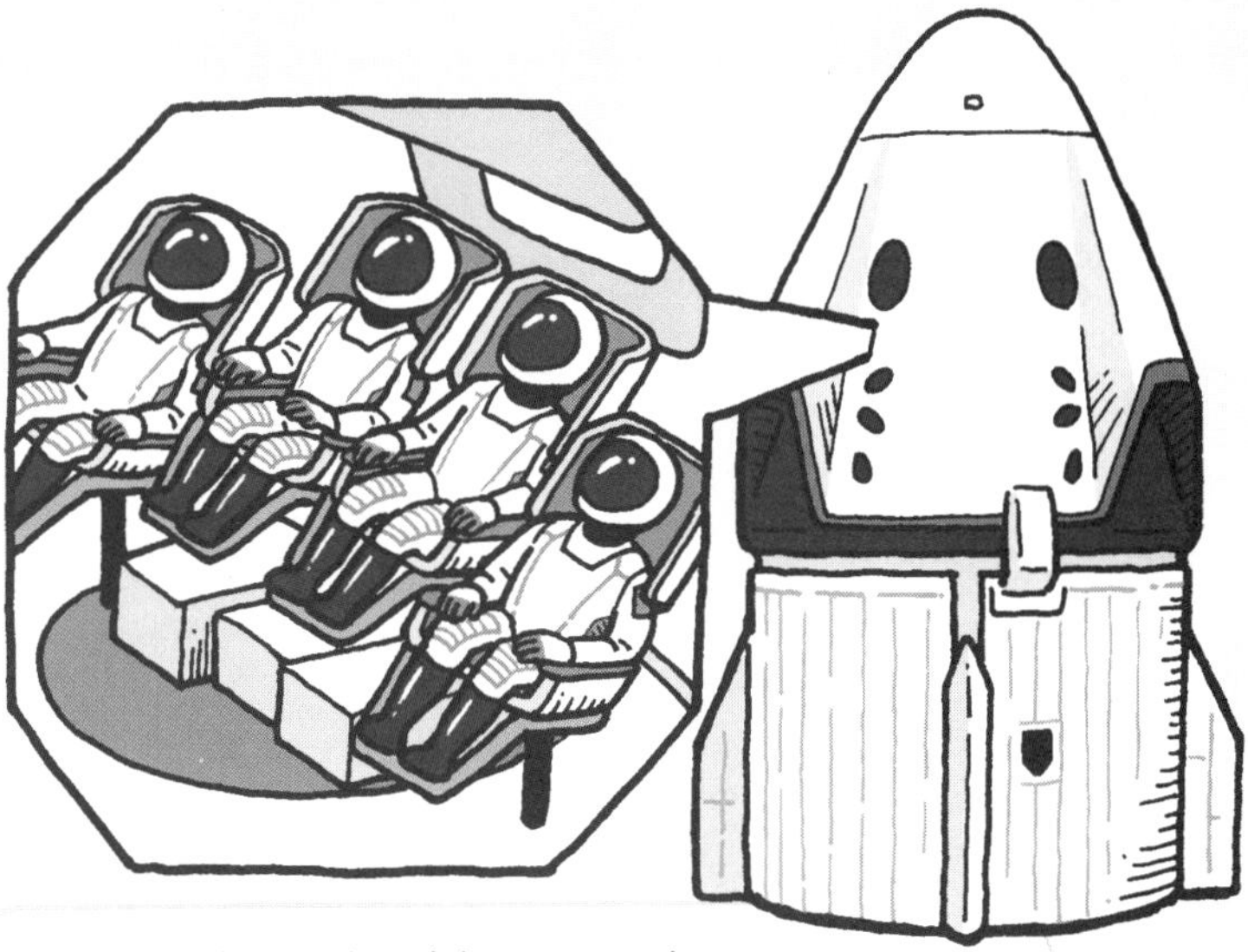

クルードラゴンの外部と内部のイメージ
これまでの宇宙船のような計器やスイッチはほとんどない。

にしたのです。

スペースシャトルやソユーズなど、これまでに開発された宇宙船の内部にはたくさんの計器やスイッチがついていて、それらを正確《せいかく》に操作《そうさ》するには高度な技術が必要でした。でも、クルードラゴンにはそのような計器やスイッチ類はほとんどありません。計器やスイッチ類はタッチパネルの中に入れられ、すっきりとした船内となりました。クルードラゴンは打ち上げからISSに到着《とうちゃく》し、地球に帰ってくるまで、コンピュータによってほぼ自動で操縦《そうじゅう》されます。

クルードラゴンに乗った感想を若田《わかた》

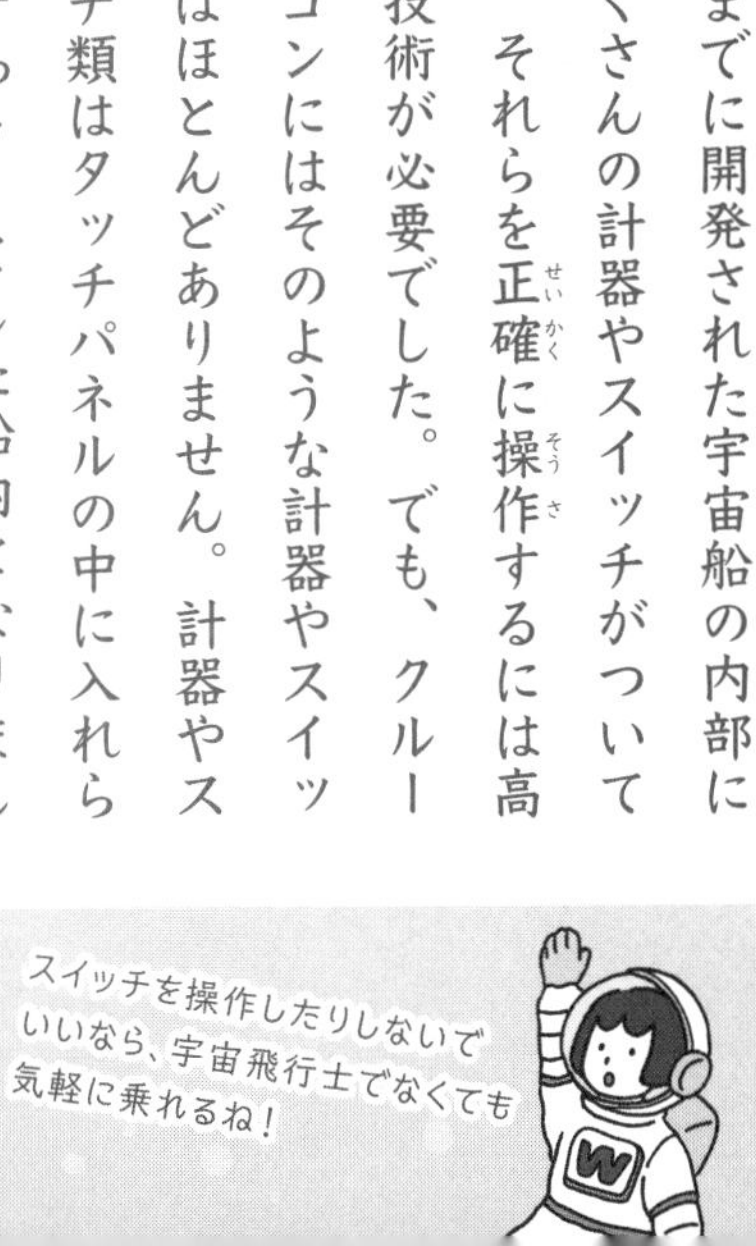
スイッチを操作したりしないで
いいなら、宇宙飛行士でなくても
気軽に乗れるね！

スターライナー
試験打ち上げの準備《じゅんび》をしているようす。
写真：NASA/Cory Huston

光一《こういち》宇宙飛行士は「打ち上げからISSとのドッキングまでの作業負荷《さぎょうふか》がとても少なく、仲間は全員、船内でぐっすり休むことができました」と、語っています。クルードラゴンは2021年には、民間人4人だけの宇宙飛行も成功させています。

有人宇宙船はクルードラゴンだけではありません。現在、ボーイング社の「スターライナー」の開発も進んでいます。このように民間の有人宇宙船が増えれば、宇宙旅行のハードルも下がっていくでしょう。

ボーイング社は飛行機をつくっていることで有名だね！

4章 まとめ

宇宙を行き来する宇宙船の運用で、民間企業が活躍

国際宇宙ステーション(ISS)はたくさんの国が協力して建設、運用されてきたよ。今、ISSの運用は、国の機関だけでなく、民間企業によっても支えられているんだ。アメリカの補給機「ドラゴン」と「シグナス」はどちらも民間企業が開発し、運用しているよ。

2020年には民間企業の開発した有人宇宙船「クルードラゴン」の運用が始まり、民間企業の存在感はますます増《ま》しているんだ。ISSは2031年1月に引退する予定だけど、その役割を民間企業の宇宙ステーションが受け継ぐことになっているよ。民間企業の宇宙開発が活発になることで、宇宙に行く人は今後、どんどん増えると思われているよ!

宇宙船が地球を飛び立つイメージ。将来《しょうらい》、宇宙への旅が身近なものになるかもしれない。

画像:MIyabi-k/PIXTA

プラスワン

宇《う》宙《ちゅう》と人体

重力がある環境《かんきょう》の中で暮《く》らし、進化してきた人類。重力をほとんど感じない宇宙に出ると、体にいろいろな変化が起こります。宇宙と人体の関係を見てみましょう。

宇宙酔《よ》いは、脳《のう》の混《こん》乱《らん》が原《げん》因《いん》？

地球上で暮らす私たちの体は、常《つね》に地球からの重力を受け、地球の中心に向かって引《ひ》っ張《ぱ》られています。でも、宇宙に行くとその重力はとても小さくなり、ほとんど感じなくなります。そのため、初めて宇宙を訪《おとず》れた人のじつに60～70％が、頭《ず》痛《つう》、吐《は》き気《け》、めまいなどの症状《しょうじょう》を起こす「宇宙酔い」になやまされるといいます。

宇宙酔いは脳が混乱するために起こると考えられています。地上にいるときは、脳は目からの視覚情報《しかくじょうほう》、筋肉《きんにく》や腱《けん》の張り具合などの情報、そして耳の奥《おく》にある三半規管《さんはんきかん》や耳石器《じせきき》からの情報などを元に、自分の姿勢《しせい》や動きをとらえます。特に三半規管は頭が回転するときの動きや方向などを感じ、耳石器は頭の傾《かたむ》きや重力などを感じ、それぞれの情報を脳に伝える重要な器官です。

地上にいるときはすべての情報が脳に送られ

ますが、重力をほとんど感じない宇宙では、筋肉、腱、耳石器からの情報が脳に届《とど》きません。脳は目や三半規管からの情報だけで姿勢や動きなどを判断《はんだん》しますが、実際《じっさい》の姿勢や動きと「ずれ」が生じ、脳が混乱するわけです。

　宇宙酔いはずっと続くわけではありません。宇宙に滞在《たいざい》するうちに脳が限《かぎ》られた情報だけで判断することに慣《な》れてきて、宇宙酔いの症状がなくなります。また、宇宙訪問《ほうもん》が2回目以上の人は宇宙酔いになりにくいそうです。

　実際、2023年に2度目の長期滞在のためにISSに到着《とうちゃく》した古川聡《ふるかわさとし》宇宙飛行士《うちゅうひこうし》は、宇宙酔いがほとんどなかったといいます。古川宇宙飛行士は2011年に初めてISSに滞在しており、その時は宇宙酔いになやまされました。でも、2回目の滞在では、12年前の宇宙での経《けい》験《けん》を体が覚えていて、宇宙酔いにならずにISSの環境に適応《てきおう》できたのです。

　将来《しょうらい》、宇宙旅行に行けるようになったら、宇宙酔い対策《たいさく》が行われることでしょう。

人間の耳の構造《こうぞう》

宇宙で長く暮らすと筋肉や骨《ほね》が弱くなる

宇宙酔いは宇宙に行くとすぐに起こる変化ですが、長期間、宇宙にいることで起こる変化もあります。実は、宇宙で暮らしていると、だんだんと骨の量が減少《げんしょう》してしまうのです。地上でも、高齢者《こうれいしゃ》は1年間で1〜1・5%くらいの割《わり》合《あい》で骨量《こつりょう》が減少しますが、宇宙に行くと若《わか》い人でも、その10倍のスピードで骨量が減《へ》ってしまいます。

くわしく調べてみると、宇宙での骨量の減少は腰椎《ようつい》や大腿骨《だいたいこつ》で目立っていて、腕《うで》の骨などでは骨量はあまり減っていませんでした。地上では、腰椎や大腿骨は重力をしっかりと受け止め、体全体を支《ささ》える役割をしています。

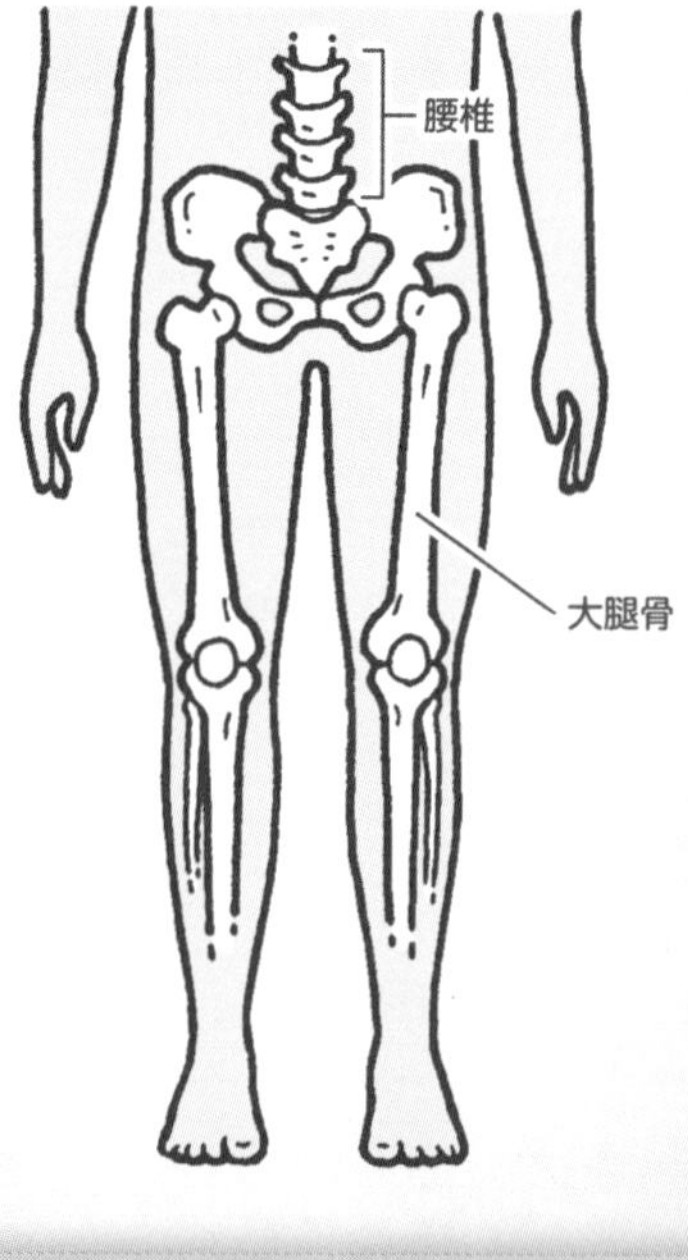

宇宙でこれらの骨の骨量が減ってしまうのは、地上のような重力がほぼないからです。骨は、重力のある地上で運動することで刺激《しげき》を受けて、体内のカルシウムを吸収《きゅうしゅう》します。でも、重力がほとんどない宇宙では、腰椎や大腿骨に

ISSの中で、改良型《かいりょうがた》エクササイズ装置《そうち》で運動する金井宣茂《かないのりしげ》宇宙飛行士。
提供：JAXA/NASA

重力による刺激がなくなり、体内にカルシウムを放出してしまうのです。さらに、足や腰《こし》の筋肉を使う必要もあまりないので、これらの筋肉も弱くなります。

宇宙で暮らしていると骨や筋肉が弱くなってしまうのは、ある意味でしかたのないことですが、宇宙にいても骨や筋肉が衰《おとろ》えないように、ISSに長期滞在する宇宙飛行士は毎日2時間のトレーニングが義務《ぎむ》づけられています。

現在《げんざい》、ISSでは半年くらいで滞在する宇宙飛行士が交代します。地球に帰ってきた直後の宇宙飛行士は、地球の重力をとても重く感じます。首で頭を支えられず、一人で立つこともできませんし、思うように体も動かせません。そのため、地球の重力に慣れ、地球人の体に戻《もど》すためにリハビリが行われます。

5章 月ってどんな天体？

月は、地球から飛び出した人類が着陸したただ一つの天体です。ここでは、月がどんな天体なのか見てみましょう。

静かの海
アポロ11号は静かの海に着陸したんだワン！
豊《ゆた》かの海
神酒《みき》の海

地球から見た満月のようす

月の表面にはクレーター（くぼみになったところ）や黒い影《かげ》のようなところがあり、名前がつけられています。黒く見えるところは「海」とよばれますが、水があるわけではありません。

写真：Bib Ashley / PIXTA

ホエ〜

身近な月について、どのくらい知ってるかな？

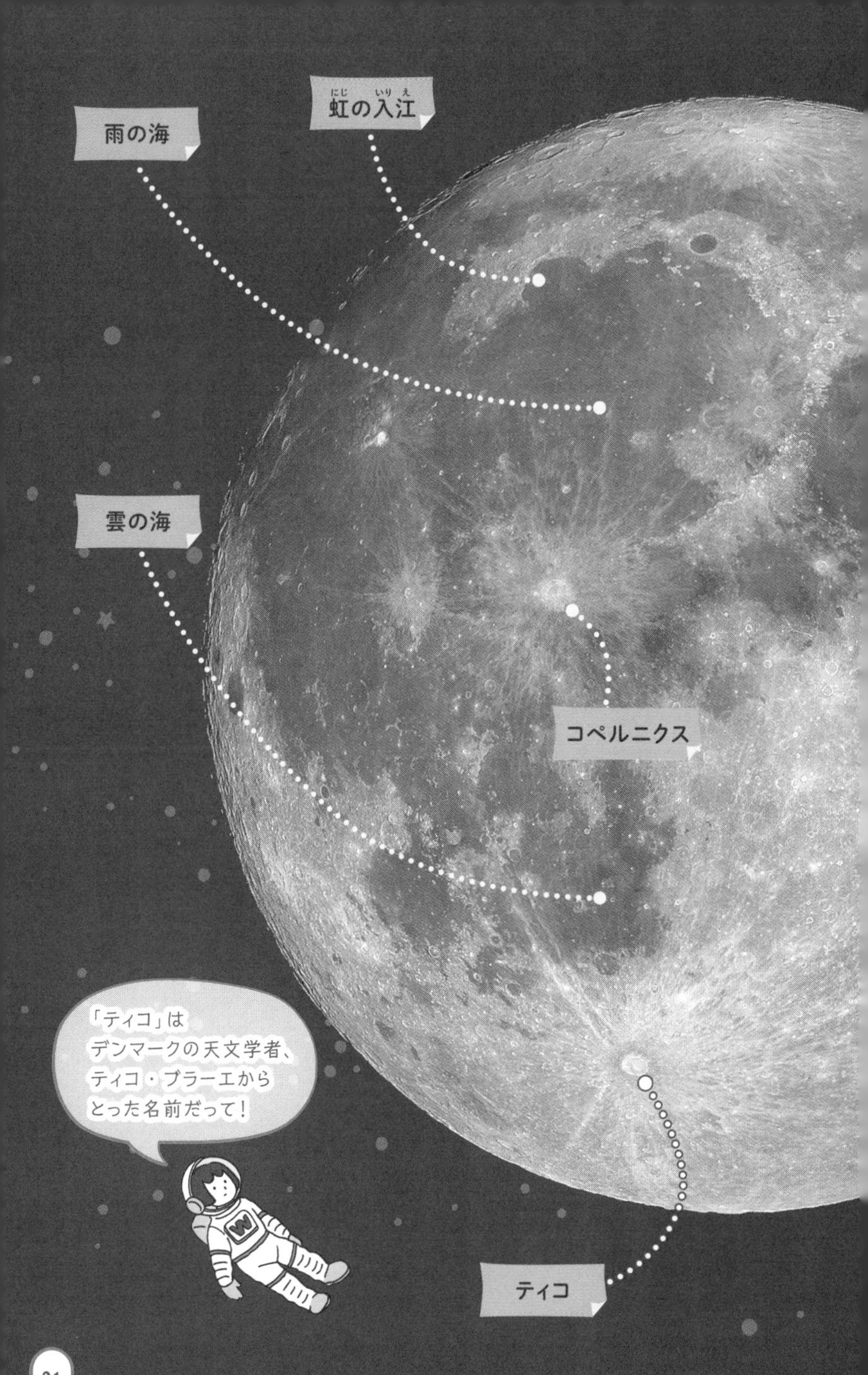
虹《にじ》の入江《いりえ》
雨の海
雲の海
コペルニクス
「ティコ」は
デンマークの天文学者、
ティコ・ブラーエから
とった名前だって！
ティコ

月は、地球のまわりを回る「衛星《えいせい》」！

月は、地球のまわりを回っている天体です。このように、惑星《わくせい》（p.12）などのまわりを回る天体を「衛星」といいます。月は夜空に輝《かがや》いて見えますが、月が自ら光を放っているのではなく、太陽の光を反射《はんしゃ》することで輝いています。月は地球に最も近い天体で、地球からの距離《きょり》は約38万km。人類が初めて降《お》り立《た》った地球以外の天体となりました。

月は明るい部分が毎日変わります。これは、地球から見たときの月と太陽の位置が変化するからです。つまり、地球上から見ると、月が太陽の光を反射する場所と割合《わりあい》が変わり、「満月」や「三日月」のように、月の形が変わっていくように見えるのです。これを「月の満ち欠け」といいます。地球から見て太陽の側《がわ》に月があると、光っている面が見えなくなります。これが「新月」です。地球から見て、月がまん丸に輝くときが「満月」です。満月をよく見ると、明るく光る場所と少し暗い場所があります。この暗い場所

もし、時速300kmの新幹線《しんかんせん》で月まで移動《いどう》したら、地球から50日以上もかかるんだワン。

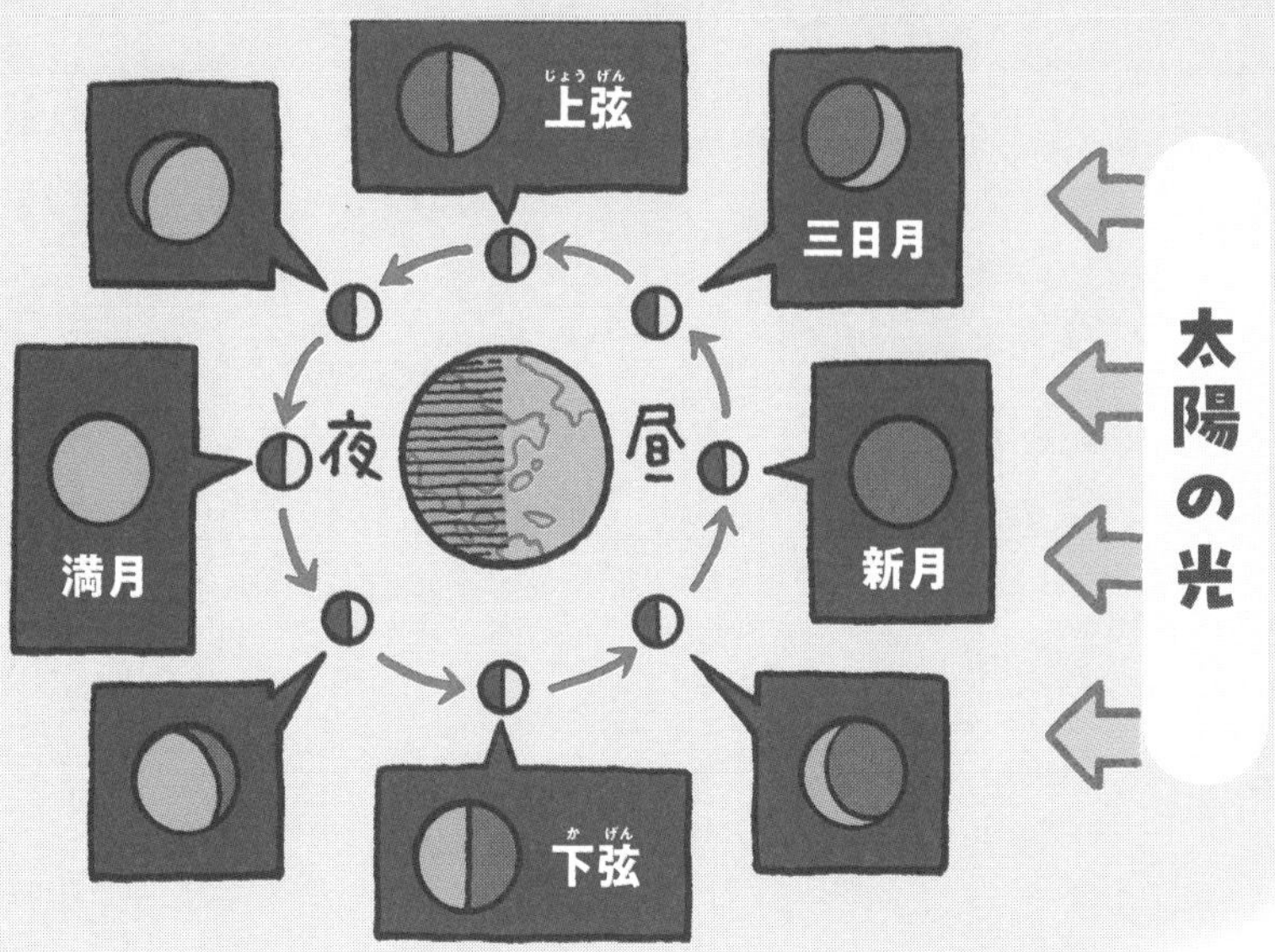
上弦《じょうげん》
三日月
太陽の光
夜
昼
満月
新月
下弦《かげん》

▲月はおもに岩石でできていて、大きさは地球の約4分の1（直径3476km）、重さは81分の1、重力は約6分の1。月は地球のまわりを27日ほどかけて1周する。

は「海」とよばれ、日本では「ウサギの餅《もち》つき」に見立てられ、月にはウサギがいるといわれてきました。他の国々では、カニ、ライオン、おばあさんの顔などに見立てられています。これは昔から、地球上のさまざまな地域《ちいき》で人々が月を眺《なが》めてきたことを物語っています。

月は明るく輝いて見えるため、長い間、月の表面は水晶《すいしょう》のように滑《なめ》らかでツルツルしていると信じられてきました。大昔の人々は、月は人間の住む地上とはちがう、神々が暮《く》らす世界だと考えていたのです。

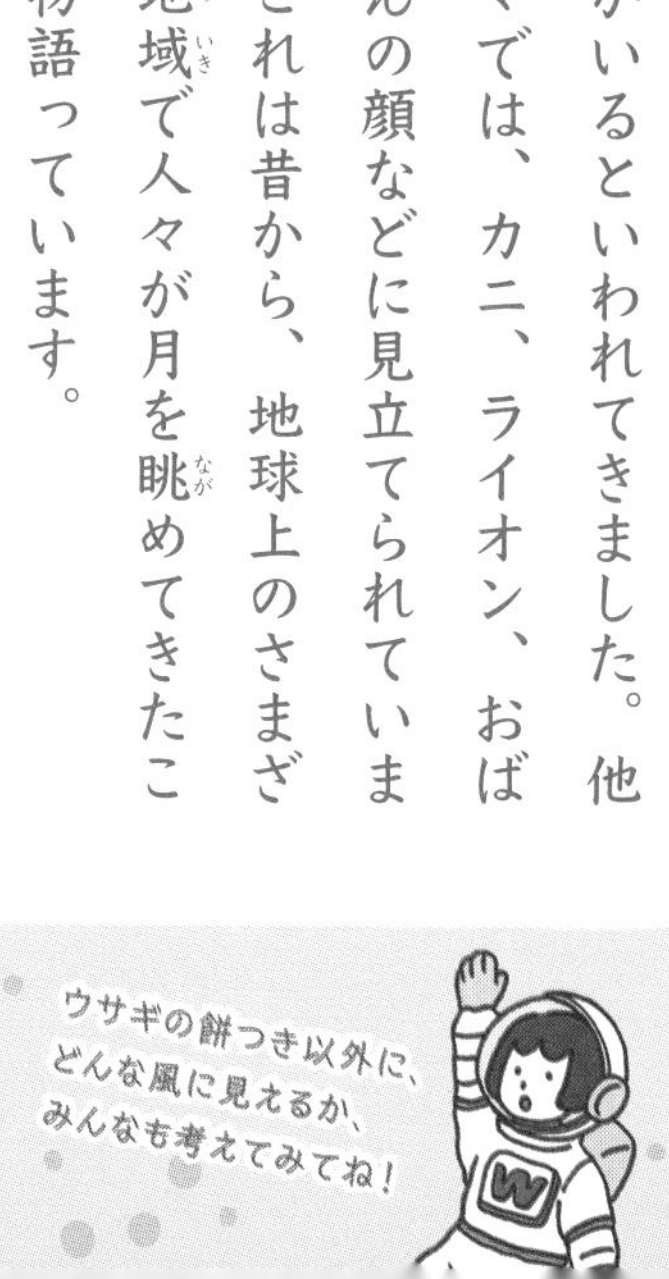
ウサギの餅つき以外に、
どんな風に見えるか、
みんなも考えてみてね！

月の調査《ちょうさ》は約400年前から始まった

1609年、イタリアの科学者**ガリレオ・ガリレイ**が、天体望遠鏡を月に向けて、くわしく観察しました。そして目にしたのは、水晶のようにツルツルした表面ではなく、ゴツゴツとした岩やクレーターにおおわれ、山や谷もある地球と似《に》たような表面を持つ月の姿だったのです。ガリレオはさらに月の観察を続け、たくさんのスケッチを残しました。その後、多くの人たちが観察を重ねます。でも、いくら観察しても、地球からは月の半分しか見ることができません。

例えば、満月を見るといつでも「ウサギの餅つき」の模様を確認《かくにん》できます。ということは、私たちは常《つね》に月の同じ面しか見ていないのです。地球から見える月の面を「表」、見えない面を「裏《うら》」といいますが、なぜ、地球からは表しか見ることができないのでしょうか。

地球は太陽のまわりを周回する「公転」をし、さらに自身がコマのように

ガリレオ・ガリレイ 1564-1642

月の観察のほか、木星の衛星を4つ発見。地球が動いているという「地動説」を唱えたことで、裁判《さいばん》にかけられた。

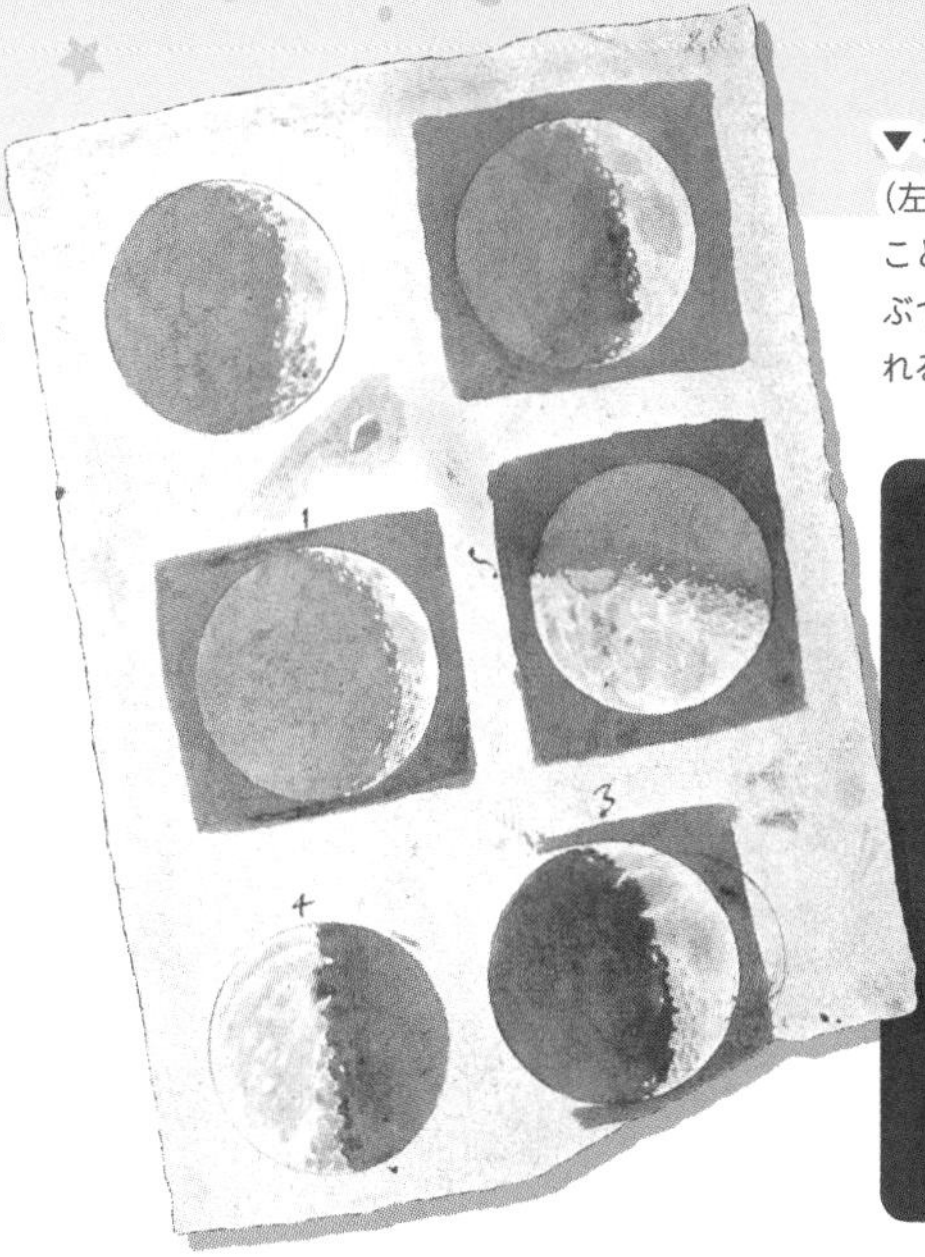

▼◀ガリレオ(下)と、ガリレオのスケッチ(左)。ガリレオは、月の表面がでこぼこであることに気づいた。くぼんだ部分はおもに隕石《いんせき》がぶつかってできたもので、「クレーター」とよばれる。

グルグルと回転する「自転」も行っています。同じように月も、地球のまわりを公転しながら、自転もしています。月が自転をしているのであれば、裏側が見えてもいいはずです。でもそうならないのは、月の公転と自転のスピードが同じだからなのです。

月は地球のまわりを約27日かけて一周(公転)します。そして、約27日で一回転(自転)します。月が公転によって地球に対する向きが変わるのと同じスピードで自転によって回転するので、結果的に月は地球に対してずっと同じ面を向け続けるのです。

月は公転にも自転にも、
同じように
27日かかるんだね。
地球は太陽のまわりを
1年かけて公転し、
24時間で自転してるワン。

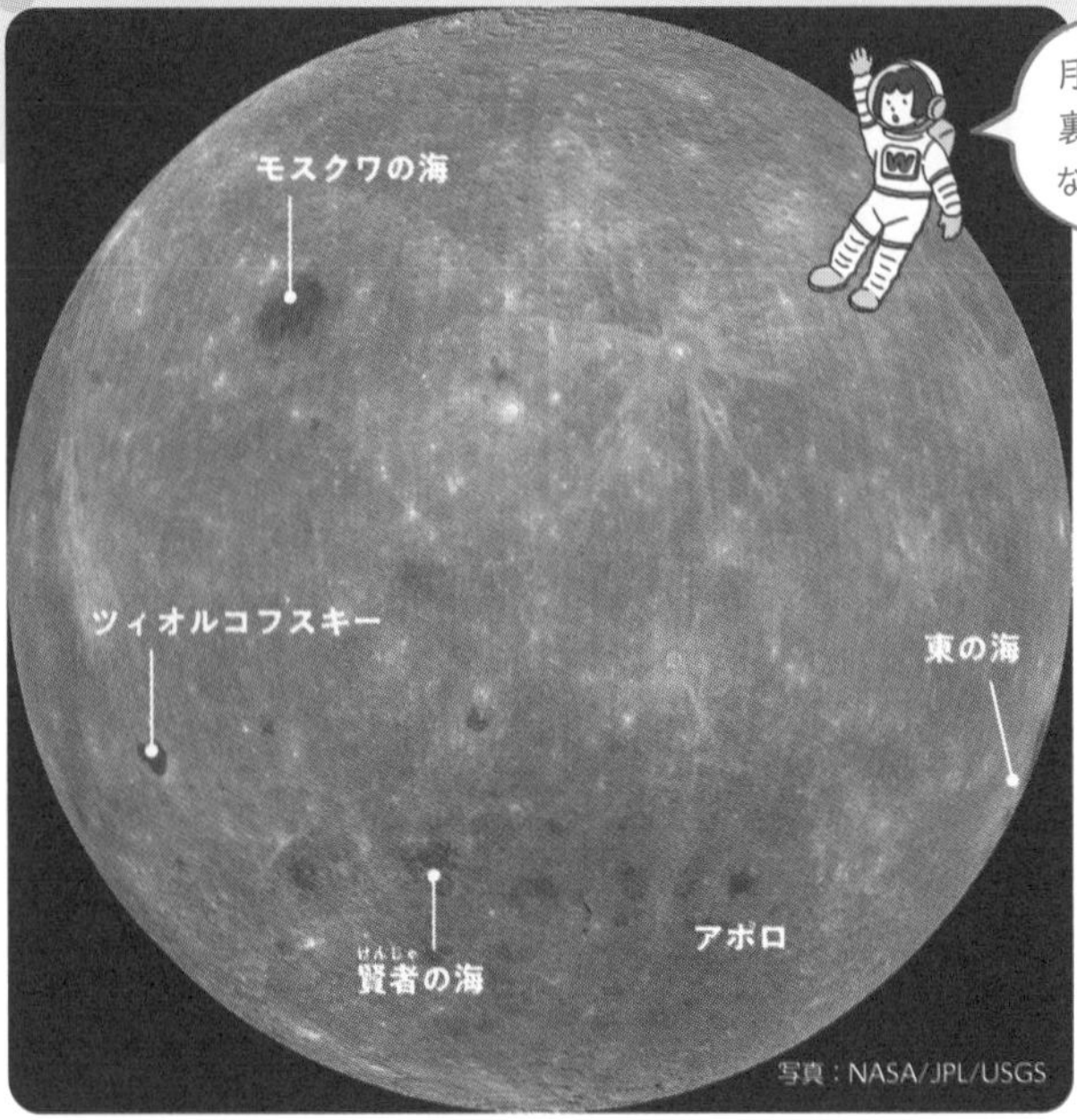
月探査機で月の
裏側が観察できる
なんて、すごい！
モスクワの海
ツィオルコフスキー
東の海
アポロ
賢者《けんじゃ》の海
写真：NASA/JPL/USGS

▲1994年にアメリカの探査機が撮影した月の裏側。表側のような「海」はほとんど見られない。クレーターには名前がつけられている。

ガリレオ以降《いこう》、天体望遠鏡の性能《せいのう》はどんどん上がり、月の表面もしっかりと観察できるようになりました。しかし、望遠鏡の性能がどんなに上がっても、月が地球に対して常に同じ面を向けているために、地上から見えるのは月の表の部分だけで、裏側を見ることはできません。

人類が月の裏側を初めて目にしたのは、1959年、ソビエト連邦《れんぽう》が月探査機《つきたんさき》「ルナ3号」を送り、月の裏側を撮影《さつえい》したときのことでした。月の裏側は黒く見える「海」は少なく、明るい部分が多くありました。表側とはまったくちがう姿をしていることが明らかになったのです。

▲月面車のようす。最高時速16kmで走ることができ、宇宙飛行士を乗せて走ったり、地球に持ち帰る石を運んだりした。写真：NASA

日本の探査機がつくった、精密《せいみつ》な月の地図

探査機を使っても、月を「見る」ことしかできない状況《じょうきょう》は変わりません。この状況を大きく変えたのが、1969年7月20日のアポロ11号による月面着陸でした(p.31)。宇宙船《うちゅうせん》をつくる技術《ぎじゅつ》などが発展《はってん》したことで、人類の活動範《はん》囲《い》は月面にまで広がったのです。アポロ計画では合計で12人の宇宙飛行士《うちゅうひこうし》が月面に降り立ち、**月震計**《げっしんけい》などの観測機《かんそくき》器《き》の設置、月の石の採取《さいしゅ》などを行いました。アポロ15号が到着《とうちゃく》した時は月面車が持ちこまれ、月面の散策《さんさく》もできる

月震計

月に設置された、振動《しんどう》をはかる装置《そうち》。これにより、月にも地震《じしん》があることがわかった。

月の石は日本の国立科学博物館（東京都・上野）でも展示《てんじ》されているよ！

ようになりました。こうして月についての知識《ちしき》も増《ふ》えていったのです。

地球以外の天体の岩石などを地球に持ち帰ることを「サンプルリターン」といいますが（⇩P.129から深ぼり！）、アポロ計画は人類が初めて成功したサンプルリターンだったともいえます。アポロ計画で地球に持ち帰られた月の石は、合計で400kgほどもあり、現在《げんざい》も分析《ぶんせき》が続けられています。この分析が進むと、月がどのようにしてできたのかや、地球とのちがいなどが明らかになると期待されています（⇩P.91から深ぼり！）。

月の表面には大気がなく表面が乾いていることから、長いあいだ、月には水は存在《そんざい》しないと考えられていました。しかし、アメリカの月探査機「クレメンタイン」の観測で、月にも水の氷が存在する可能性《かのうせい》が示《しめ》されました。月の北極や南極の地域のクレーターには、1年を通して内部に太陽光の当たらない「永久影《えいきゅうかげ》」があることがわかりました。永久影では水が凍《こお》って氷になっている可能性があります。

2000年代に入ると、無人探査機を使用した月探査がより活発になりま

月周回衛星「かぐや」
2007年10月から2009年6月まで月のまわりを飛行し、データを測定した。

す。アメリカをはじめ、ヨーロッパ、中国、インドといった国や地域が、競《きそ》うように探査機を月に送りました。インドの月探査機「チャンドラヤーン１号」の観測データをくわしく分析することで、月の北極や南極に水の氷があることがわかってきました。　日本も２００７年に**月周回衛星「かぐや」**を打ち上げました。「かぐや」は月面の６７７万地点以上の高さを精密に測定し、月面地図を作成しました。それまでも月面地図はありましたが、たとえば「クレメンタイン」な

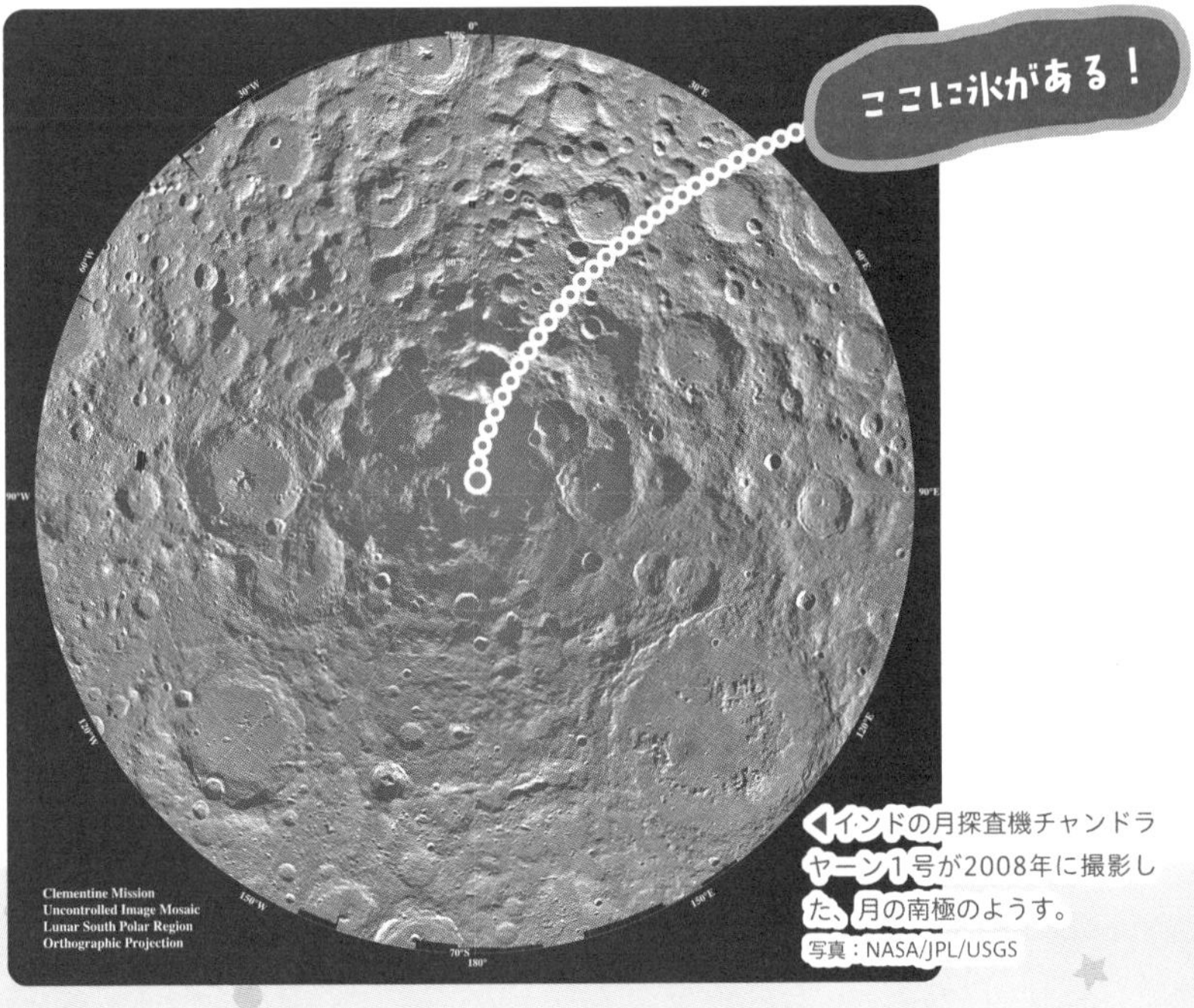
ここに氷がある！
Clementine Mission
Uncontrolled Image Mosaic
Lunar South Polar Region
Orthographic Projection

◀インドの月探査機チャンドラヤーン１号が2008年に撮影した、月の南極のようす。
写真：NASA/JPL/USGS

▲月周回衛星「かぐや」のイメージ。月の元素《げんそ》や岩石などを調べるための14種類もの機器が積まれていた。©池下章裕

どによるものは、総計27万地点の測定データからつくられたものなので、「かぐや」の地図がいかに詳細かわかります。

2024年には、日本初の月面着陸に成功したJAXAの**小型月着陸実証機「SLIM《スリム》」**が、月面のねらった場所に着陸する「ピンポイント着陸」を成功させました。この技術を使えば、月の南極にあるクレーターの近くに探査機を着陸させることもできます。将来、月面で水の氷が発見される日が来るかもしれません。

小型月着陸実証機「SLIM」

2024年1月20日0時20分頃、目的地から55mの誤差で着陸することに成功した月探査機。この成功により日本は世界で5番目の月面着陸成功国となった。

近いけど謎だらけ!? 月について深ぼりしよう!

ここでは、月の誕生《たんじょう》について解説《かいせつ》するぞ。

考えてみよう!

次のうち、天体望遠鏡で最初にくわしく月の観測をした人は誰《だれ》?

天体望遠鏡でくわしく月の観察をした人は、次のうち誰だったかのぉ。イタリアの人だぞ。

1 ガリレオ・ガリレイ

2 アイザック・ニュートン

3 ニール・アームストロング

木星も観察したんだよね。

アームストロングは月に行った人だワン。

こたえは……

1 ガリレオ・ガリレイ

ガリレオ・ガリレイはイタリアの自然哲学者《しぜんてつがくしゃ》であり、物理学者、数学者でもあった人じゃ。ガリレオは、オランダで望遠鏡が発明されたという話を聞いて自分で天体望遠鏡をつくり、天体観測をしたぞ。

月ができたのはいつごろ？

人類が月に天体望遠鏡を向けてから約４００年。月面に降り立ったり、探査機による調査が行われたりしていますが、まだわかっていないこともあります。その大きな謎の一つが「月の誕生」についてです。月の岩石の成分などから、少しずつその謎が解《と》かれようとしています。月誕生の仮説《かせつ》のなかで、一番有力だと考えられているのは、「巨大衝突《きょだいしょうとつ》（ジャイアント・インパクト）説」とよばれるものです。これは、誕生してから約１億年後の初期の地球に、火星ほどの大きさの天体が衝突してできた破片《はへん》が月になったという説です。「巨大衝突説」によると、このときの衝突で地球の表面や内部のマントルまでえぐり取られ、衝突した天体の破片と共に周囲《しゅうい》に撒《ま》き散《ち》らされました。

できたばかりのころの月の表面は、熱くてどろどろだったと考えられてるワン！

巨大衝突（ジャイアント・インパクト）説

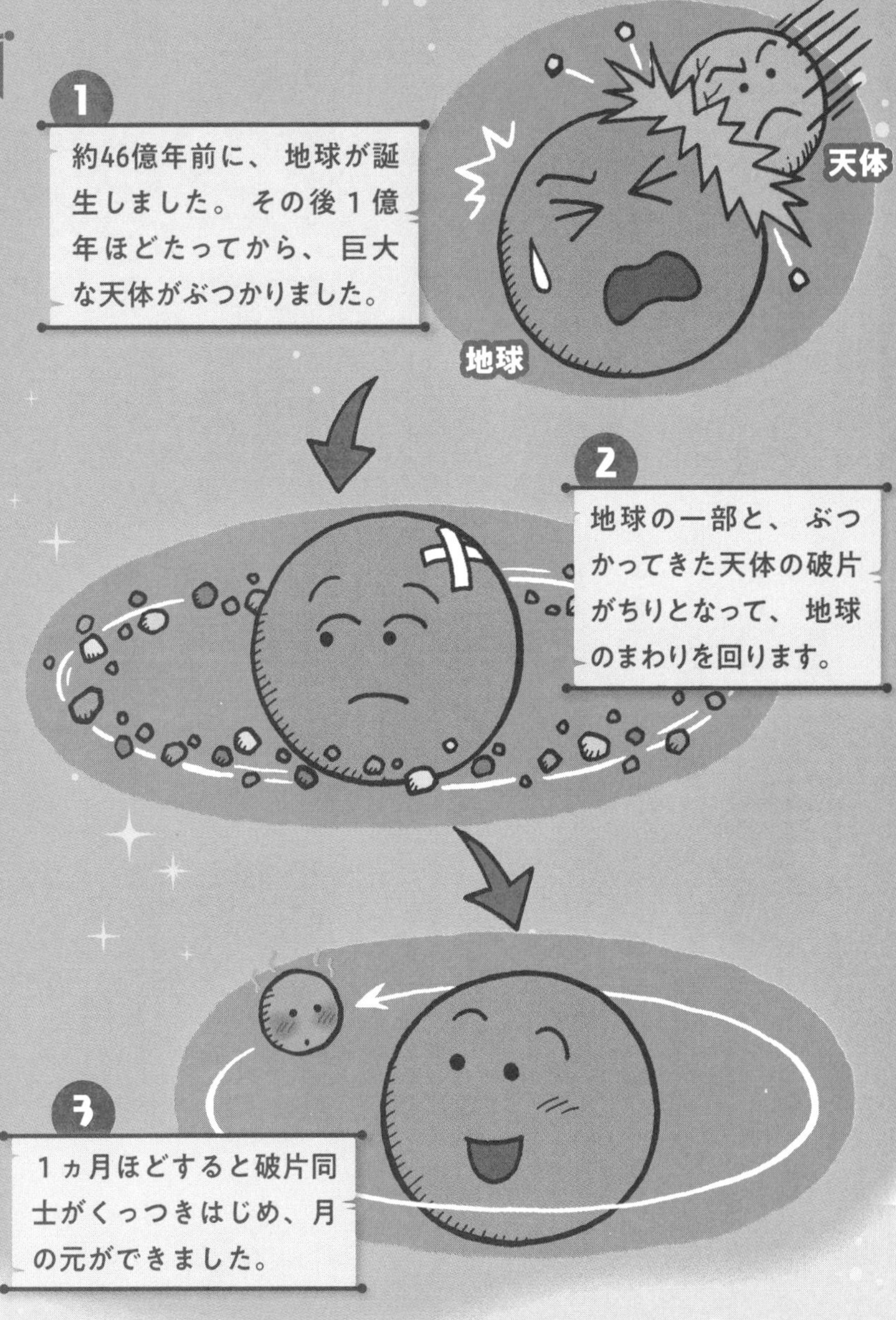
1
約46億年前に、地球が誕生しました。その後１億年ほどたってから、巨大な天体がぶつかりました。
天体
地球
2
地球の一部と、ぶつかってきた天体の破片がちりとなって、地球のまわりを回ります。
3
１ヵ月ほどすると破片同士がくっつきはじめ、月の元ができました。

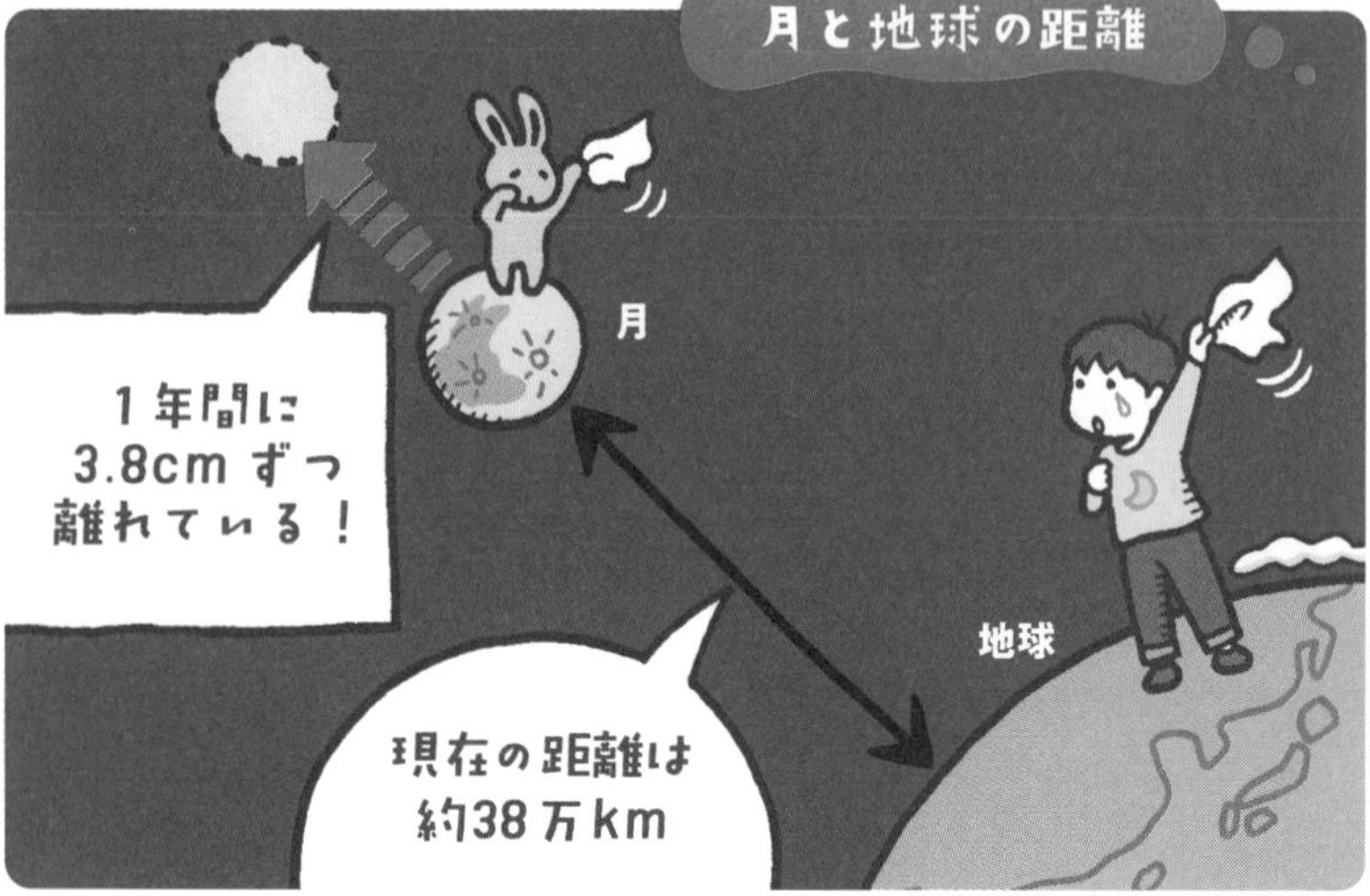
月と地球の距離
月
1年間に
3.8cmずつ
離れている！
地球
現在の距離は
約38万km

それが地球の重力の影響《えいきょう》で、地球のまわりをぐるぐると回るようになり、あっという間に月になりました。

月ができた当初は地球から約2・4万㎞の位置にあったと考えられています。でも、45億年というとても長い期間、地球のまわりを回り続けることで、地球と月はだんだんと離《はな》れ、約38万㎞という現在の距離になったのです。

月は現在も1年間に3・8㎝と、とてもゆっくりですが、地球から離れ続けています。私たちが生きているあいだは、地球と月の距離が長くなったと実感することはありませんが、数億年後に地球から見える月は、現在よりも小さくなっているかもしれません。

SLIM（p.90）は、
月の起源《きげん》の謎《なぞ》を解く
ために、月面の観測をしたよ。

5章 まとめ

近いけれど謎もいっぱい！地球の衛星「月」

地球に最も近い天体、「月」。地球の衛星である月は、地球誕生から約1億年後にできたと考えられているよ。

身近な天体だけど、イタリアのガリレオ・ガリレイが望遠鏡を使って月を観察し、月の表面にクレーターがあることなどを発見したのは1609年で、そんなに古い話じゃないんだ。ロケットができてからは各国が月に探査機を送り、アポロ計画では宇宙飛行士が月に行き、人類初の月面着陸を果たしたよ。日本も月周回衛星「かぐや」を月に送り、精密な月面地図を作成をしたんだ。月は人類にとってまだまだ遠い天体だけど、これから調査や研究がもっと進んでいくかもしれないね。

「お月見」の風習があるなど、日本でも月は昔から身近な存在だった。

6章 人類、再《ふたた》び月をめざす！

21世紀《せいき》に入り、人類は再び月をめざし、月面開発の計画を立てています。どのような計画なのか、見ていきましょう。

月のそばに
宇宙《うちゅう》ステーションをつくって、
月を開発するんだって！
月に住むとしたら、
空気に水、食べ物や
住む場所も必要だよね。
ホエ～
月面を開発する計画が
すでに始まっておるぞ！

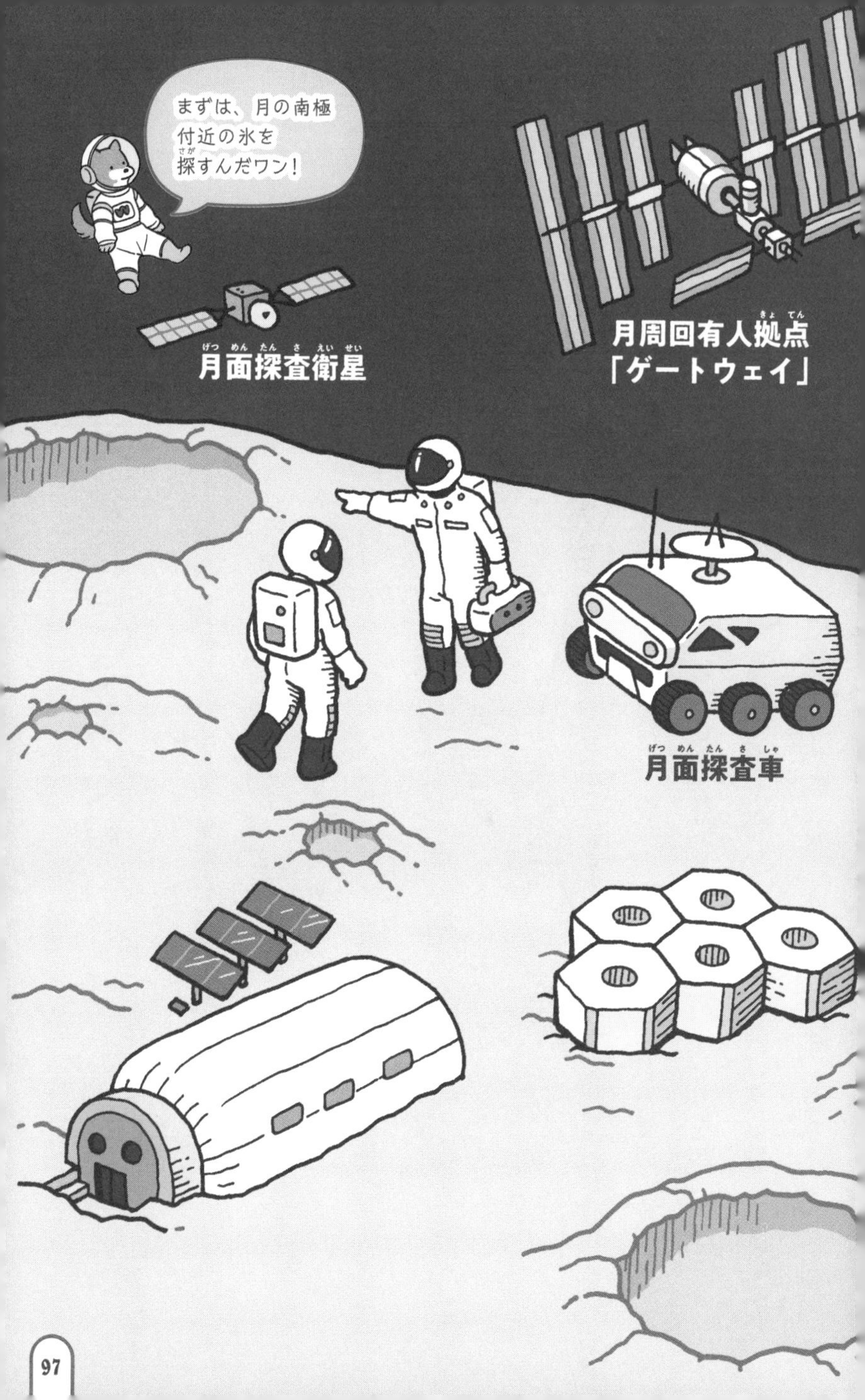
まずは、月の南極
付近の氷を
探《さが》すんだワン！
月周回有人拠点《きょてん》
「ゲートウェイ」
月面探査衛星《げつめんたんさえいせい》
月面探査車《げつめんたんさしゃ》

「アポロ計画」については、28ページを見てね！

氷がきっかけで再注目《さいちゅうもく》された月

人類を月に送る「アポロ計画」の終了《しゅうりょう》以降《いこう》、宇宙開発は地球低軌道《ちきゅうていきどう》を中心に行われてきました。スペースシャトルや国際宇宙《こくさいうちゅう》ステーション（ＩＳＳ）が注目される一方で、月の有人開発は過去《かこ》のものという雰囲気《ふんいき》が漂《ただよ》い、月には20年以上、無人探査機《むじんたんさき》も送られなかったのです。しかし、１９９４年に打ち上げられたアメリカの月探査機「クレメンタイン」や、２００７年と２００８年に打ち上げられた日本の月周回衛星「かぐや」とインドの「チャンドラヤーン１号」による調査《ちょうさ》などが進むと、月は再び注目されるようになりました。

アポロ計画では、人類が探査できたのは月のなかでもごく限《かぎ》られた場所だけでした。一方、「クレメンタイン」などの月探査機は、月のまわりを回り続けるという特性をいかして、月全体をくわしく調べました。その結果、月の北極や南極に位置するクレーター内部には、水が凍《こお》った氷が存在《そんざい》す

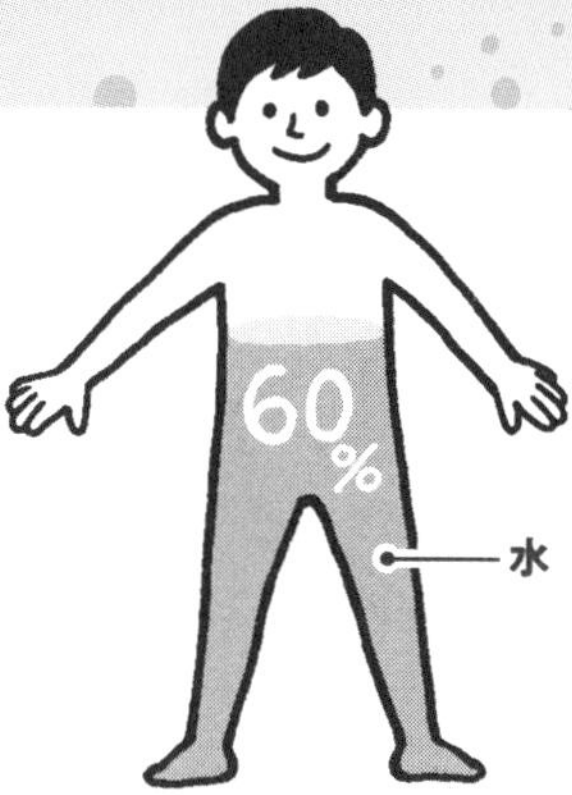
60%
水

酸素

私たちの体と水分

私たちは、生きていくために水や酸素が必要だ。体重約60kgの成人男性の場合、体の約60%は水分でできていて、１日に2.5Lの水が必要となる。

ることが明らかになってきたのです。

なぜ月に水や氷があることが大発見になるのか、ふしぎに思う人もいるかもしれません。水は私たち人間をはじめ、生命が生きていくために欠かせない物質《ぶっしつ》です。もし月に水や氷が存在すれば、その場で飲料水として使うことができます。さらに太陽光発電でつくった電力を使って電気分解《でんきぶんかい》をすれば、酸《さん》素《そ》と水素《すいそ》にわけることもできます。酸素も生き物の呼吸《こきゅう》に必要な重要な物質で、酸素なしでは私たちは生きることができません。

しかも、水素と酸素はロケットの燃《ねん》

月の氷の話は、90ページを読み返すワン！

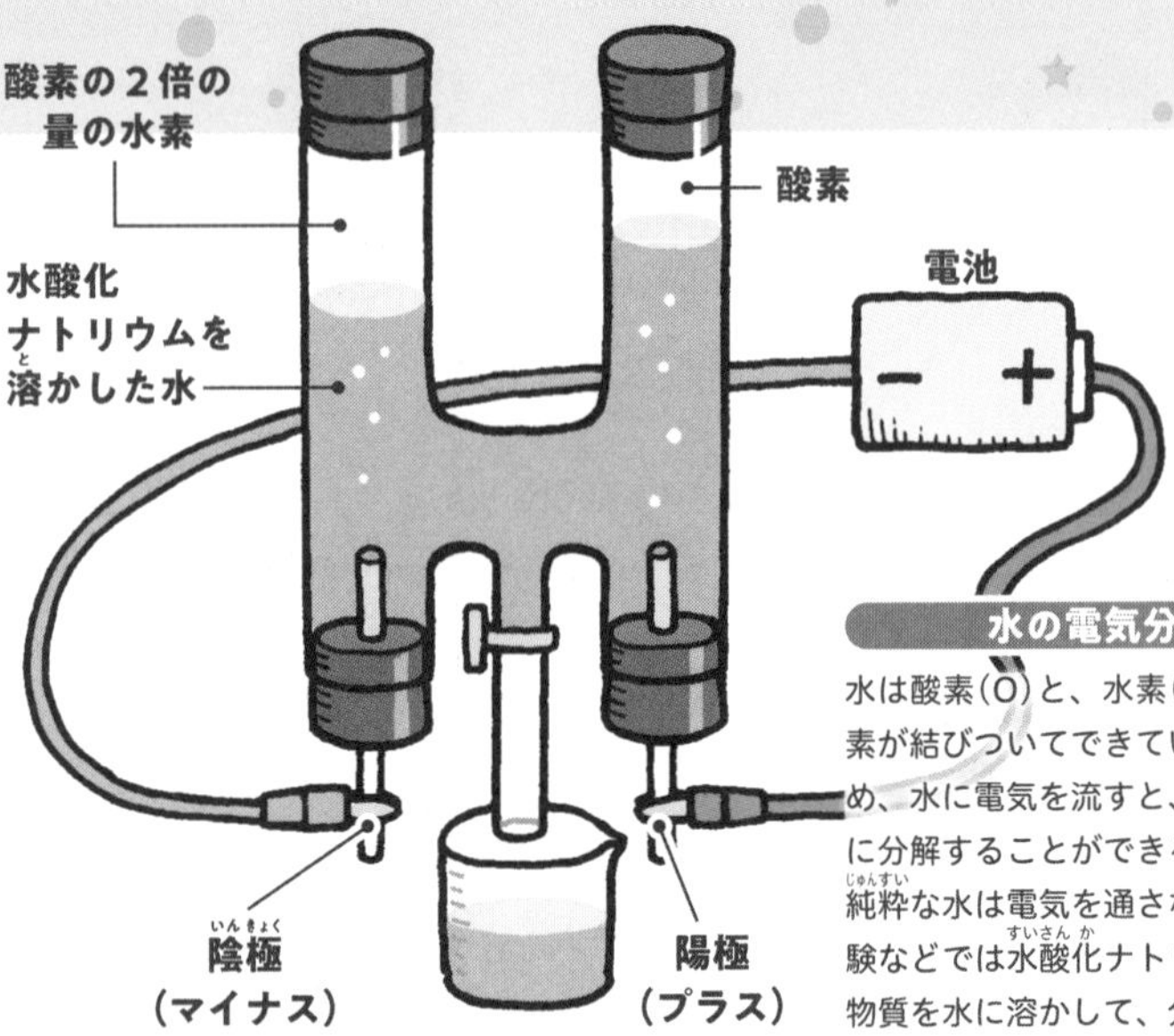
酸素の2倍の
量の水素
酸素
電池
水酸化
ナトリウムを
溶《と》かした水
陰極《いんきょく》
（マイナス）
陽極
（プラス）

水の電気分解

水は酸素（O）と、水素（H）という元素が結びついてできている。そのため、水に電気を流すと、酸素と水素に分解することができる。しかし、純粋《じゅんすい》な水は電気を通さないため、実験などでは水酸化《すいさんか》ナトリウムという物質を水に溶かして、分解を行う。

料《りょう》などにも使えます。つまり、人の生活に必要な水や酸素、そしてロケットの燃料などを月で調達でき、開発が進みやすくなるのです。

重さ1kgのものを宇宙に打ち上げるには100万円かかります。ということは、1Lの水を打ち上げ、さらに月まで運ぶには、100万円以上の費《ひ》用《よう》がかかることになります。そのため、月で人が生活するために必要なものをすべて地球から送ろうとすると、莫大《ばくだい》なお金がかかり、とても実現《じつげん》できるものではないのです。

水って、とっても大事なものなんだね。

月《げつ》面《めん》探《たん》査《さ》レースで民間企《き》業《ぎょう》が技《ぎ》術《じゅつ》を競《きそ》う

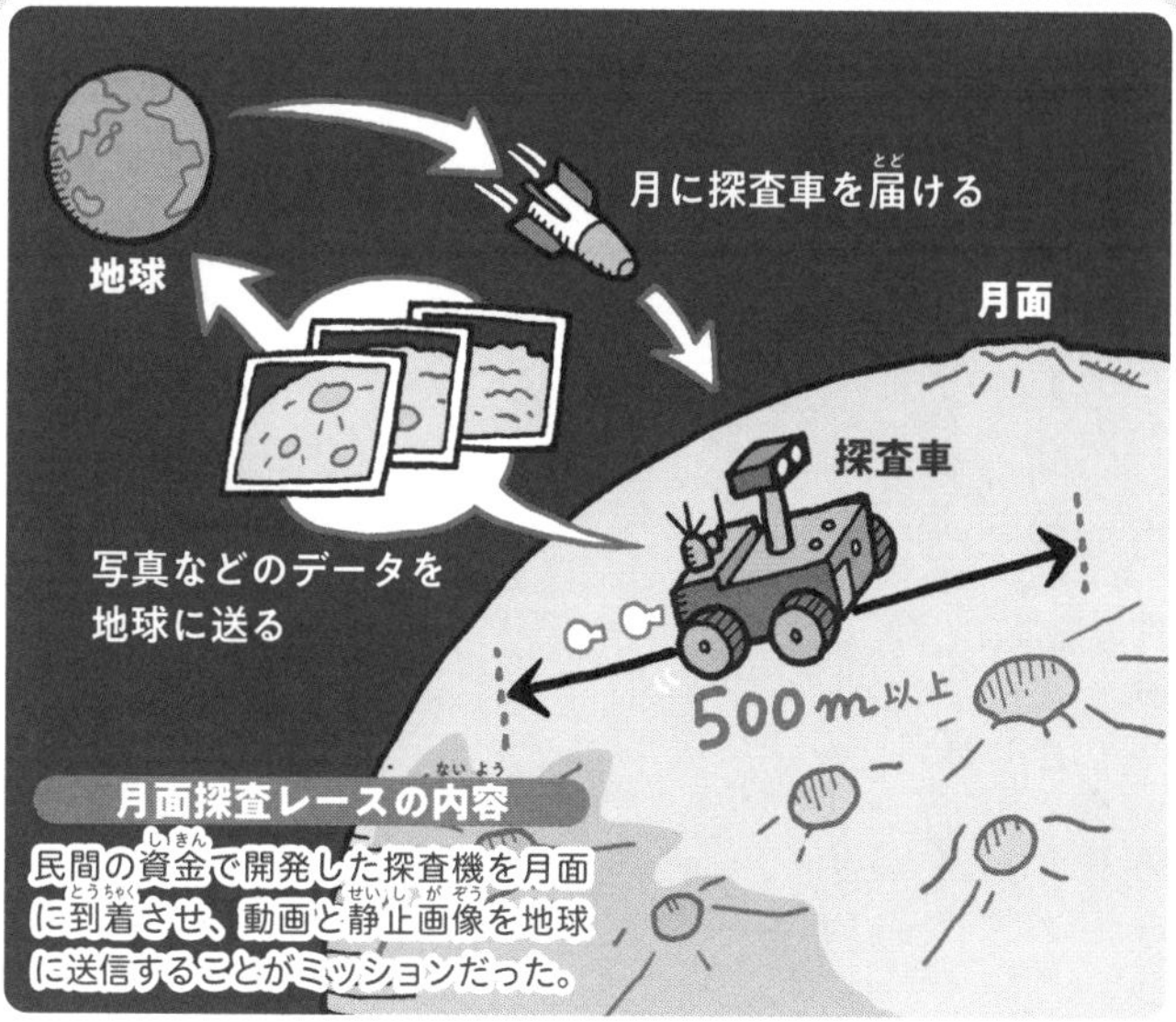
地球
月に探査車を届《とど》ける
月面
探査車
写真などのデータを
地球に送る
500m以上
月面探査レースの内容《ないよう》
民間の資金《しきん》で開発した探査機を月面に到着《とうちゃく》させ、動画と静止画像《せいしがぞう》を地球に送信することがミッションだった。

月面開発には民間企業も参入しようとしています。その大きなきっかけとなったのが、2007年にアメリカのXプライズ財《ざい》団《だん》が開催《かいさい》した「月面探査レース」です。

このレースは、民間企業が開発した月面探査車をロケットで月に送り、さらに着地地点から500m以上走行させ、動画と静止画を地球に送る技術を競いあいました。優勝《ゆうしょう》企業には2000万ドルが贈《おく》られるとあって、世界中から注目され、日本からもispace《アイスペース》

月面探査レースには全部で29チームが参加して、5チームが決勝に残って月面をめざしたんだって。

社の「HAKUTO《ハクト》」というチームが参加しました。ところが、〝2018年3月末までに月面探査をする〟という目標をどのチームも達成できなかったため、このレースは「勝者なし」という状態《じょうたい》で終了しました。

参加企業は、レースが終わってからも、探査機や探査車の開発を続けています。例えばイスラエルのSpaceIL《スペースアイエル》という会社は、2019年2月に月面探査機「ベレシート」を打ち上げ、2019年4月に月まで到達《とうたつ》させました。残念ながら着陸には失敗してしまいましたが、SpaceILは新たな探査機をつくり、月面探査に再チャレンジしようとしています。

日本のispace社も「HAKUTO-R」という民間月面探査プログラムを立ち上げ、月面探査への挑戦《ちょうせん》を続けています。ispace社は月着陸船を開発し、まず、ミッション1として2023年4月の月面着陸をめざしました。月着陸船は、2023年3月に月の周回軌道まで到達しました。そして4月26日に着陸に挑戦し、月面から5㎞の地点まで迫《せま》ったものの、月着陸船が自身の高度を正確《せいかく》にとらえきれず、墜落《ついらく》してしまいまし

2024年2月23日（日本時間）、ついにアメリカの会社の月着陸機NOVA-C《ノバ》が民間企業初の月面着陸に成功したワン！

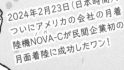

た。

ｉｓｐａｃｅ社はその後も月面探査への挑戦を続け、ミッション2の実施《じっし》を計画しています。ミッション2ではミッション1と同じタイプの月着陸船を打ち上げ、月面探査車も走らせる予定です。

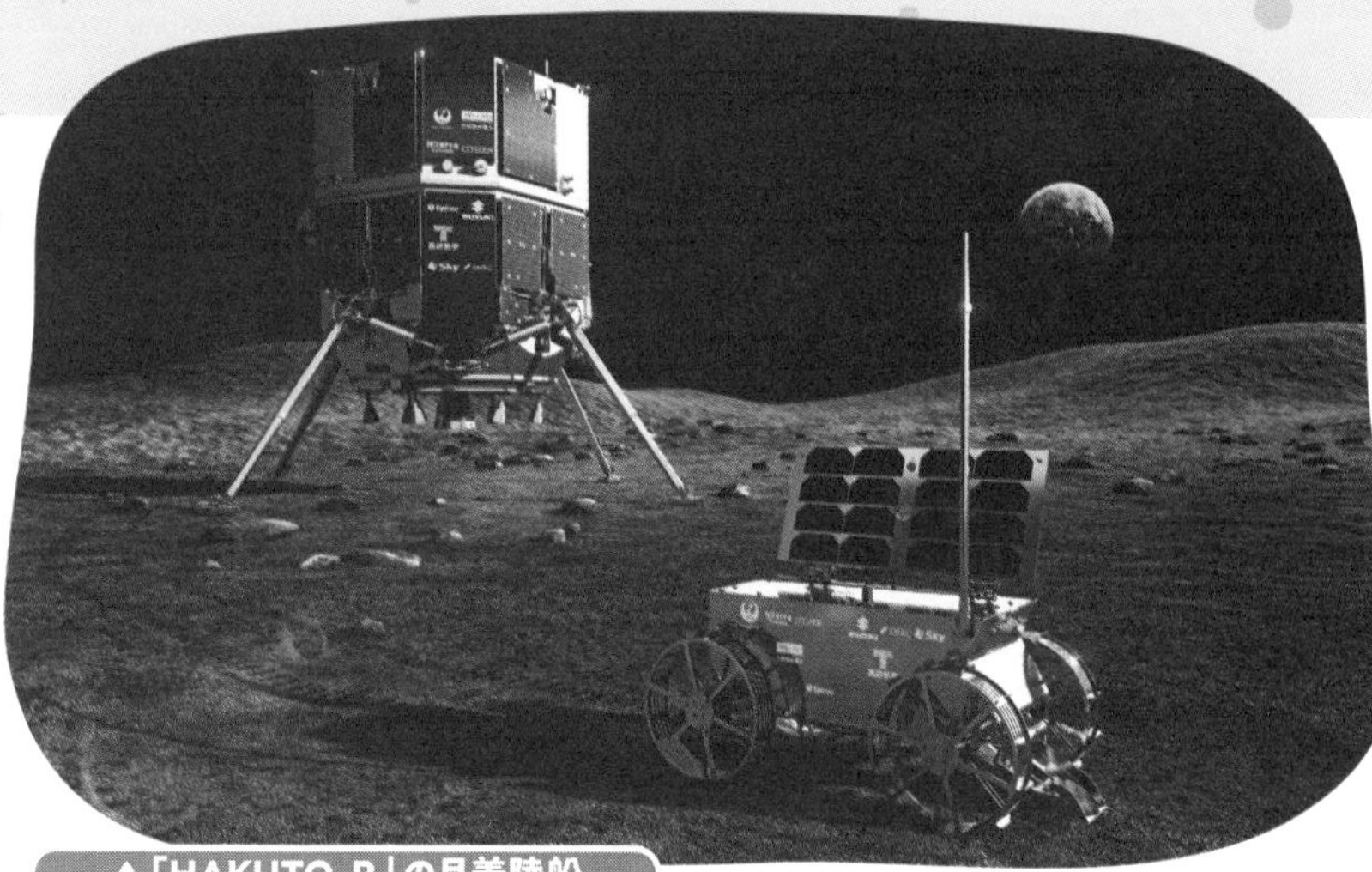

▲「HAKUTO-R」の月着陸船

ミッション2で使用される予定の月着陸船（ランダー）と小型月面探査車。 写真：ispace

▼新しい月着陸船のイメージ

ミッション2の後に続くミッション3で使用予定のAPEX《エーペックス》 1.0《ワンポイントゼロ》ランダー。 写真：ispace

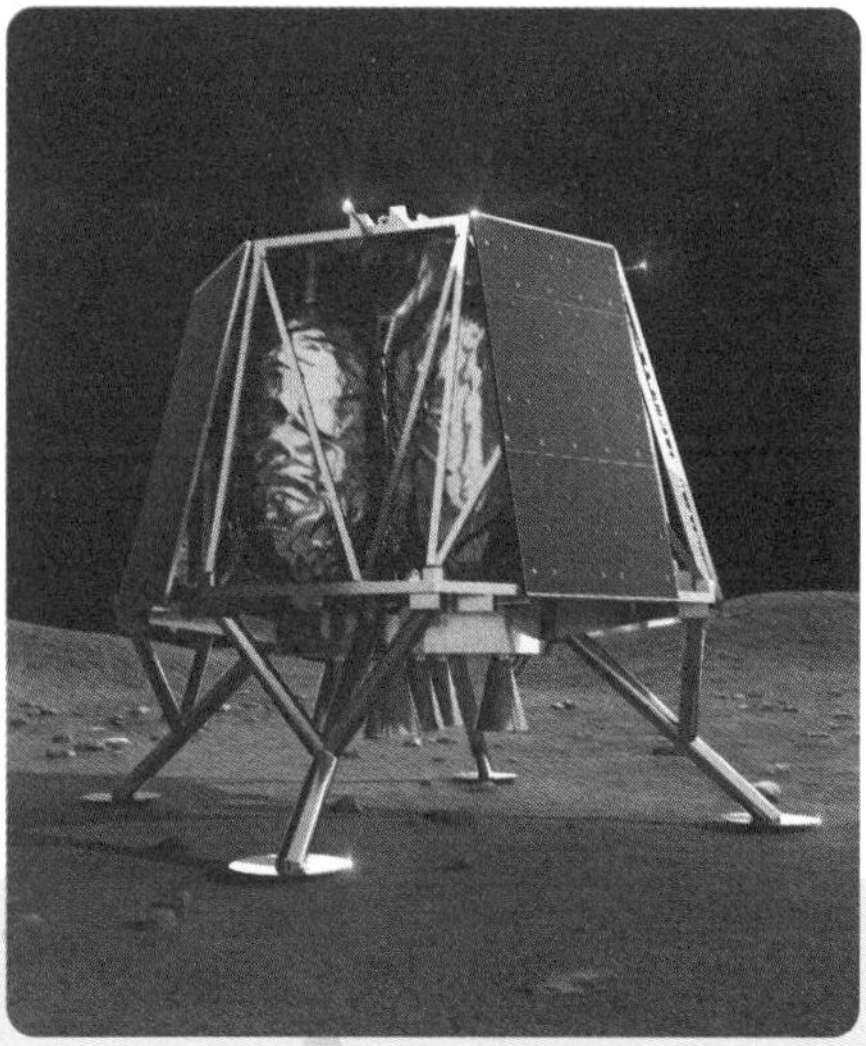

人類が再び月をめざす「アルテミス計画」が始動!

2017年に、アメリカは有人の月面探査計画を再開《さいかい》することを発表しました。人類は再び月面着陸をめざすことになり、このミッションは「アルテミス計画」と名づけられました。アルテミスはギリシャ神話に登場する月の女神《めがみ》で、太陽の神アポロンと双子《ふたご》のきょうだいです。有人月面探査計画の名称《めいしょう》にぴったりの名前です。アポロ計画で月面に降《お》り立《た》った12人の宇宙飛行士《うちゅうひこうし》は全員男性《だんせい》でした。アルテミスが女神の名前であることもあり、アルテミス計画では女性《じょせい》宇宙飛行士の活躍《かつやく》が期待されています。

アルテミス計画では、ISSの運用と同じように、アメリカが中心となっていくつもの国が協力して宇宙船や宇宙ステーションなどを開発・運用する予定です。日本も2019年10月にアルテミス計画への参加を発表しました。

アポロンは「アポロ計画」
の名前の由来に
なったんだよね!

郵便はがき

料金受取人払郵便

小石川局承認

1108

差出有効期間
2024年7月31日まで
（切手不要）

112-8731

東京都文京区音羽二丁目
十二番二十一号

講談社
児童図書編集 行

愛読者カード	今後の出版企画の参考にいたしたく存じます。ご記入の上ご投函くださいますようお願いいたします。

お名前

ご購入された書店名

電話番号

メールアドレス

お答えを小社の広告等に用いさせていただいてよろしいでしょうか？
いずれかに○をつけてください。　〈YES　NO　匿名ならYES〉

TY 000049-2205

この本の書名を
お書きください。

あなたの年齢　　歳（小学校　　年生　　中学校　　年生
高校　　年生　　大学　　年生）

●この本をお買いになったのは、どなたですか？

1. 本人　2. 父母　3. 祖父母　4. その他（　　　　　　　　　　　　　　）

●この本をどこで購入されましたか？

1. 書店　2. amazon などのネット書店

●この本をお求めになったきっかけは？（いくつでも結構です）

1. 書店で実物を見て　2. 友人・知人からすすめられて
3. 図書館や学校で借りて気に入って　4. 新聞・雑誌・テレビの紹介
5. SNS での紹介記事を見て　6. ウェブサイトでの告知を見て
7. カバーのイラストや絵が好きだから　8. 作者やシリーズのファンだから
9. 著名人がすすめたから　10. その他（　　　　　　　　　　　　　　）

●電子書籍を購入・利用することはありますか？

1. ひんぱんに購入する　2. 数回購入したことがある
3. ほとんど購入しない　4. ネットでの読み放題で電子書籍を読んだことがある

●最近おもしろかった本・まんが・ゲーム・映画・ドラマがあれば、教えてください。

★この本の感想や作者へのメッセージなどをお願いいたします。

アルテミス計画で使用されるロケットと宇宙船

宇宙船「オリオン」
写真：NASA

SLSロケット
写真：NASA/Bill Ingalls

上が宇宙船「オリオン」。左がSLSロケット。
SLSは全長100mを超《こ》える大型《おおがた》のロケット。

この計画では、新型《しんがた》宇宙《うちゅう》船《せん》「オリオン」と「SLSロケット」を開発して有人月面探査をするほか、月の周《しゅう》回《かい》軌《き》道《どう》に人類の新たな宇宙探査のための宇宙ステーション、月周回有人拠点「ゲートウェイ」をつくる予定です（⇩P.107から深ぼり！）。

すでにアルテミスⅠからⅢまでの3つのミッションが始動しています。アルテミスⅠは2022年11月16

SLSはスペース・ローンチ・システム（Space Launch System）の頭《かしら》文《も》字《じ》をとったものだワン。

アルテミス計画の流れ

2017年12月	当時のアメリカ大統領だったドナルド・トランプが、有人の月面探査計画を再開することを発表。
2022年11月	無人のオリオンによる月の周回飛行「アルテミスⅠ」を実施。
2023年4月	「アルテミスⅡ」でオリオンに乗船する4人の宇宙飛行士を発表。
以降の予定	オリオンで月を周回飛行する「アルテミスⅡ」を実施予定。
	人類を月へ到達させる「アルテミスⅢ」を実施予定。

日から12月11日の間に行われ、「ＳＬＳロケット」を使って無人の「オリオン」を打ち上げました。オリオンは月を周回飛行し、地球の大気圏《たいきけん》も無事に通りぬけて帰還《きかん》しました。

次のミッションとなるアルテミスⅡではオリオンに4人の宇宙飛行士が搭乗《とうじょう》し、月を周回し地球に戻《もど》ってくる予定です。女性やカナダ人の宇宙飛行士がふくまれた多様な宇宙飛行士が選ばれています。そして、アルテミスⅢで、いよいよ宇宙飛行士が再び月面に降り立つ予定です。その後は年に1回くらいのペースで有人月面探査が行われる予定になっていて、日本人宇宙飛行士もゲートウェイ滞在《たいざい》や月面での活動をすることが期待されています。

ゲートウェイは2028年以降、「アルテミスⅣ」で使われる予定だよ。

月に再び人類を送る！

これからの月探査や月面開発について深ぼりしよう！

これから予定されている月での活動について解説《かいせつ》するぞ。

考えてみよう！

月面着陸をふくむ、月での有人宇宙開発計画の名前はどれかな？

1. ゼウス
2. アルテミス
3. ポセイドン

アポロの双子のきょうだいで、月の女神の名前だったぞ。

女性の神様の名前だワン！

どれも、神話に出てくる神様の名前っぽいよね。

こたえは……

2 アルテミス

この計画は、月の女神の名前をとって「アルテミス計画」とよばれているぞ。月面での有人活動のほか、月周回有人拠点「ゲートウェイ」も建設《けんせつ》される予定なんじゃ。

月への入り口「ゲートウェイ」

アルテミス計画で建設が予定されている月周回有人拠点「ゲートウェイ」は、月の周回軌道につくられる初めての宇宙ステーションで、月を探査する人類の活動拠点となります。ゲートウェイは英語で「玄関《げんかん》」や「入り口」という意味です。この宇宙ステーションは、宇宙飛行士が月面に向かうための玄関口として使われる予定で、1年に10～30日くらい宇宙飛行士が滞在する想定になっています。

ゲートウェイは国際宇宙ステーション（ISS）と同じような宇宙ステーションですが、完成時の大きさはISSの6分の1ほどの大きさで、ISSでは9つある居住空間《きょじゅうくうかん》はゲートウェイでは2モジュールとなります。

ゲートウェイには常《つね》に人が滞在するわけではないんだワン！

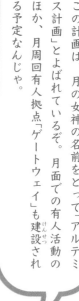

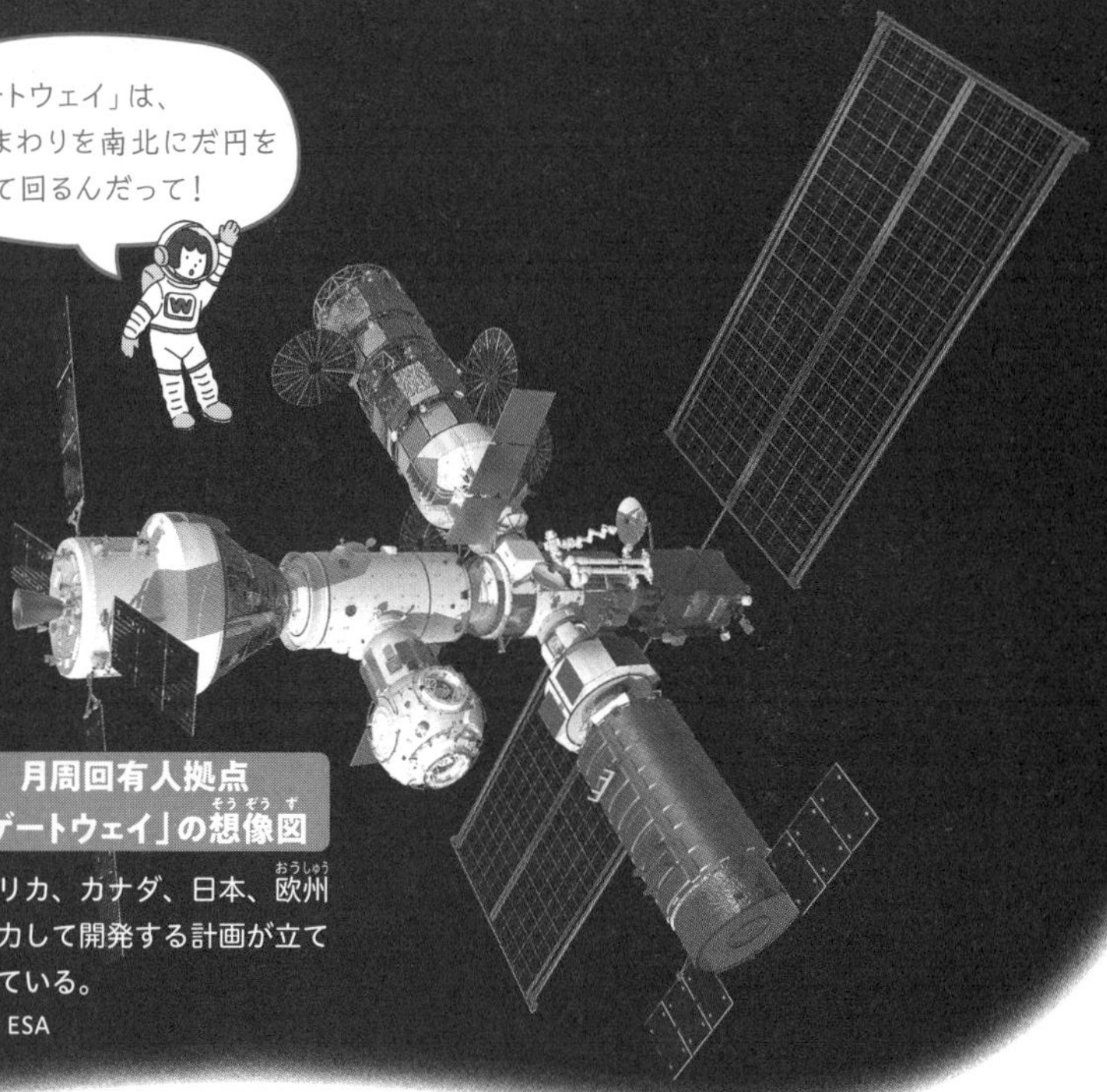
「ゲートウェイ」は、
月のまわりを南北にだ円を
描《えが》いて回るんだって!

月周回有人拠点
「ゲートウェイ」の想像図《そうぞうず》

アメリカ、カナダ、日本、欧州《おうしゅう》が協力して開発する計画が立てられている。
写真:ESA

ゲートウェイは2028年の完成をめざし、アルテミスⅡのフライトが終わったあとから建設が始まる予定になっています。まずは太陽電池で最大60kWの電力をつくる大型の装置《そうち》と、ミニ居住区域《きょじゅうくいき》が連結されたモジュールを月の周回軌道に投入し、そこからさらにステーションを拡大《かくだい》していきます。

ただ、最初の月面着陸ミッションであるアルテミスⅢでオリオンと月着陸船が直接《ちょくせつ》ドッキングして、宇宙飛行士が乗《の》り移《うつ》ることも想定されていて、ゲートウェイの活用時期はまだはっきり決まって

宇宙ステーションは少しずつ建設されるんだね。

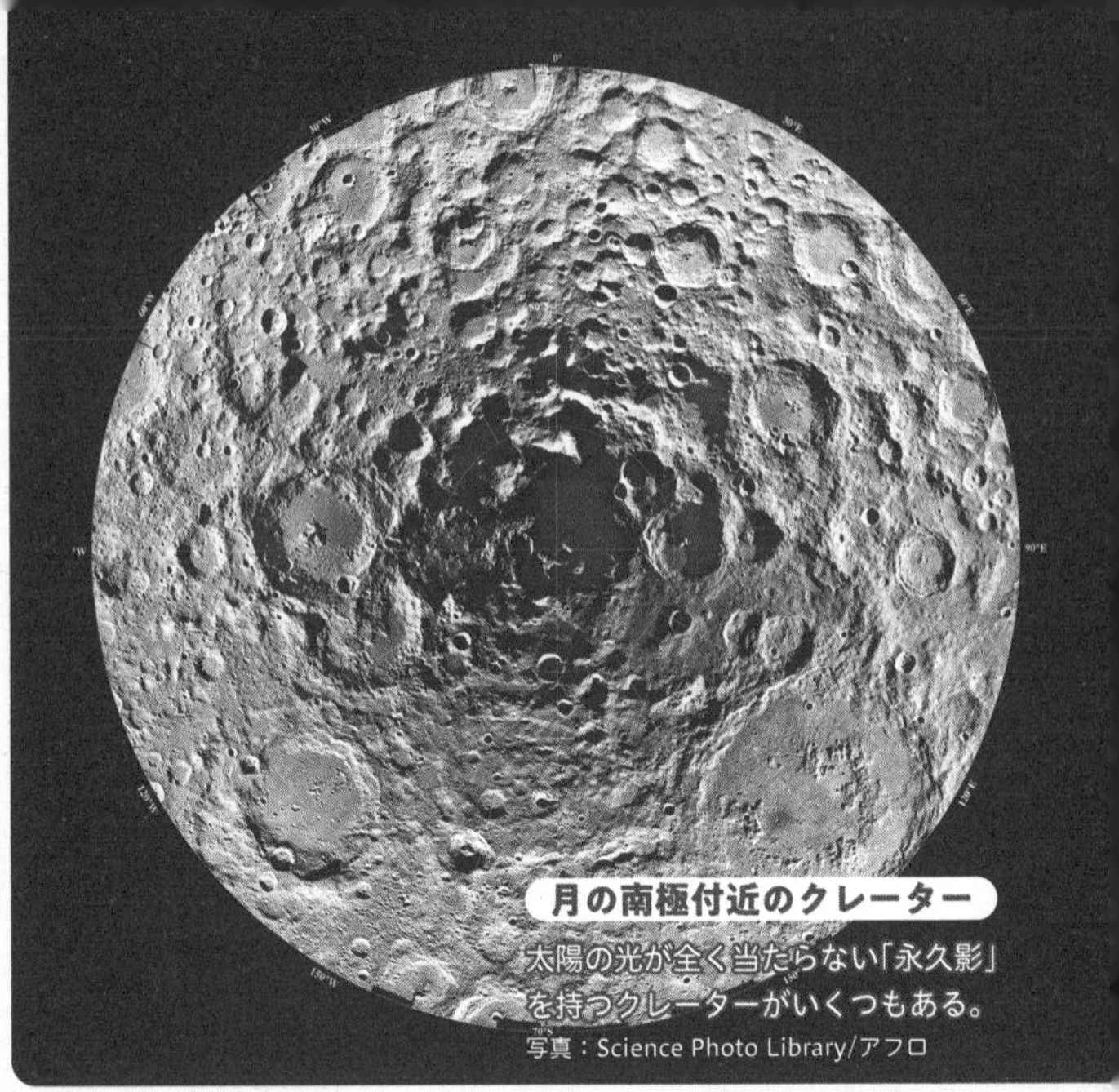

月の南極付近のクレーター

太陽の光が全く当たらない「永久影」を持つクレーターがいくつもある。

写真：Science Photo Library/アフロ

いません。

　2022年8月にはアルテミスⅢで月着陸船が月面で着陸する候補地《こうほち》が13ヵ所選ばれました。候補地点はいずれも月の南極の近くにあります。この辺りには氷があると予想される「永久影《えいきゅうかげ》（太陽の光が当たらず、ずっと影ができている場所）」を持つクレーターがあります。実際《じっさい》に宇宙飛行士が氷の存在を確認《かくにん》できれば、歴《れき》史《し》に残る大発見となるでしょう。

　着陸候補地は科学的に意義《いぎ》があるだけでなく、宇宙飛行士が安全に活動できる場所が選ばれます。アルテミスⅢでは宇宙飛行士が月面で6日半活動する予定になっています。宇宙飛行士が月面に滞在している間は太陽光が当たり続けていることも、着陸地を選ぶ際《さい》の重要な条件《じょうけん》となります。

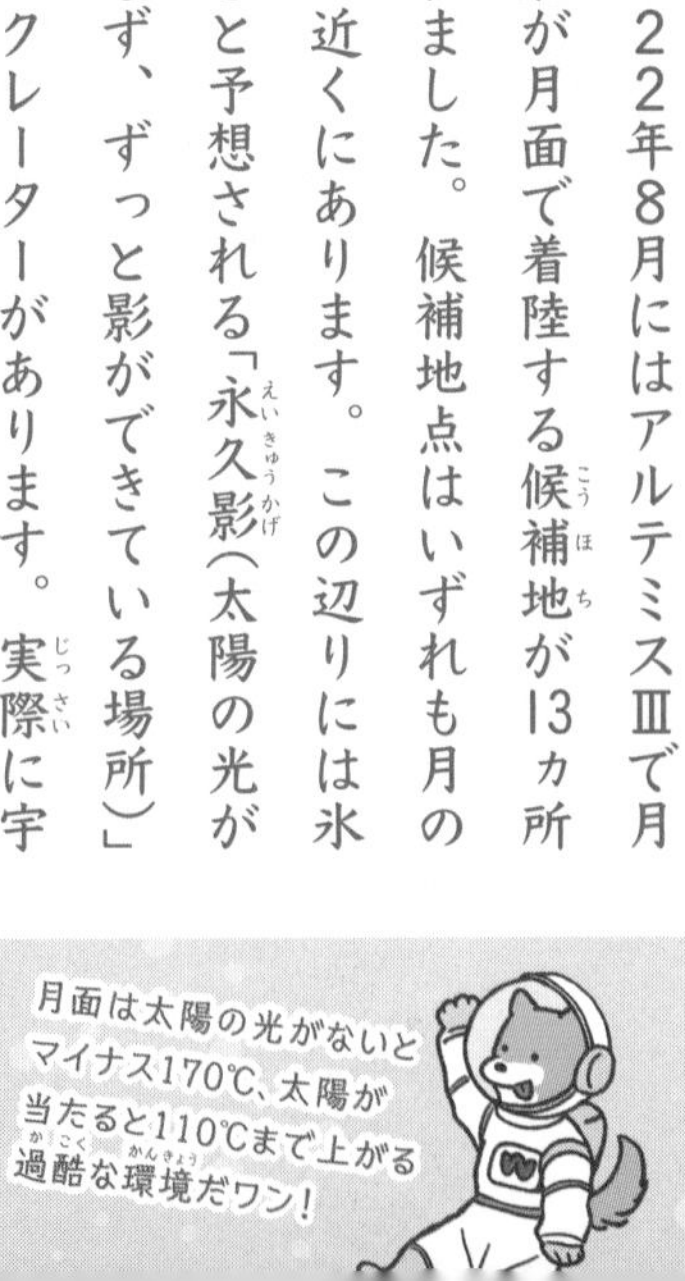
月面は太陽の光がないとマイナス170℃、太陽が当たると110℃まで上がる過酷《かこく》な環境《かんきょう》だワン！

将来《しょうらい》は火星の玄関口にもなる!?

アルテミスⅢ終了後は、ゲートウェイに国際《こくさい》居《きょ》住《じゅう》モジュールなどが接続《せつぞく》されます。月面着陸ミッションはその後も年に1回のペースで続けられる予定です。日本は、月面での活動に備え、宇宙《うちゅう》航《こう》空《くう》研究《けんきゅう》開発《かいはつ》機構《きこう》（JAXA《ジャクサ》）が中心となって、宇宙服を着なくても車内で過《す》ごせる月面《げつめん》与圧《よあつ》ローバや、ゲートウェイに物資《ぶっし》を運ぶ補給機「HTV－X」などの開発を進めています。

有人月面活動が順調に進めば月面に人が長期間滞在するための月面基地《げつめんきち》がつくられていくでしょう。さらに、スペースX社やispace社などの民間企業も月への物資輸送や資源開発などのビジネスを始めるようになり、月面で氷を採取《さいしゅ》し、

「ルナクルーザー」

JAXAとトヨタが共同で研究し、2029年の打ち上げをめざしている月面与圧ローバー。全長6m、全幅《ぜんぷく》5.2 m、全高3.8 mで、2人の宇宙飛行士が30日間、移動《いどう》しながら探査ができる。

写真：トヨタ自動車株式会社

日本の協力で
月開発が進むなんて、
わくわくするね！

火星開発のイメージ

写真：e71lena / PIXTA

月面の探査や開発がうまくいったら、
次は火星の開発が進むかもしれない。

水素や酸素をつくる工場や発電所なども建設されるかもしれません。

このころになると、ゲートウェイの機能《きのう》はさらに広がり、月面に降りるための玄関口だけでなく、火星探査への玄関口としても使われるようになっているはずです。有人宇宙活動は月で終わりではありません。月の次は火星での有人活動が期待されています。

地球に一番近い天体である月は、人類が他の天体で活動するための試験場としても使えます。月面での有人活動は、より遠くにある火星での有人活動へとつながっていくのです。

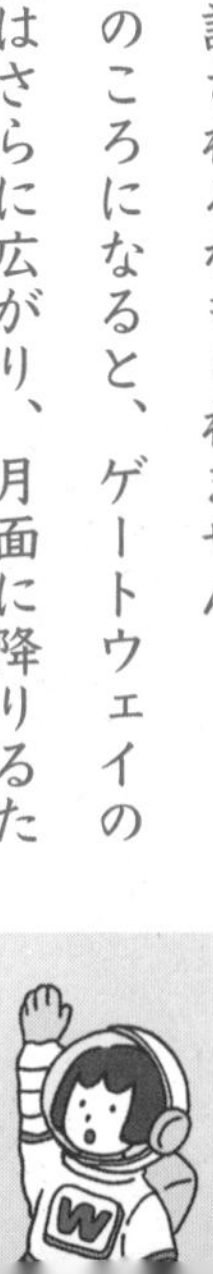

6章 まとめ

月の氷の発見は、宇宙開発への大きな希望

2017年、アメリカは半世紀《はんせいき》以上《いじょう》中断《ちゅうだん》していた有人月面着陸の再開を決定し、「アルテミス計画」と名づけたよ。最初のミッションであるアルテミスⅠは2022年に実施され、無人の新型宇宙船「オリオン」が地球と月の間を往復《おうふく》したんだ。そしてアルテミスⅢでは月の南極付近に2人の宇宙飛行士が降り立つ予定になっているよ。月の南極付近のクレーター内部には常に影ができていて、そこに氷があると考えられているんだ。水が凍った氷は、水素と酸素の原料となる大切な資源だよ。だから、いくつかの国の宇宙機関と民間企業が協力して、月の開発を進める予定なんだ。月の探査が成功したら、次は有人火星探査が実現するかもしれないね!

再び動き出した有人月面着陸の計画に、期待が高まる。

写真:tetsu / PIXTA

プラスワン

新たな宇《う》宙《ちゅう》飛《ひ》行《こう》士《し》候《こう》補《ほ》が誕《たん》生《じょう》

人類が再《ふたた》び月への上陸をめざす「アルテミス計画」が始まったことで、日本からも新たな宇宙飛行士の候補が選ばれました。どのようにして選ばれたのでしょうか。

採《さい》用《よう》基《き》準《じゅん》が変わった、日本の宇宙飛行士

２０２３年２月28日、ＪＡＸＡ《ジャクサ》は新しい日本人宇宙飛行士候補者を２人発表しました。選ばれたのは青年海外協力隊などの経《けい》験《けん》もあり、世界銀行に勤《つと》めていた諏《す》訪《わ》理《まこと》さんと、東京都内の病院に勤めていた外《げ》科《か》医《い》の米《よ》田《ねだ》あゆさんでした。

ＪＡＸＡの日本人宇宙飛行士の募《ぼ》集《しゅう》は不定期で何度か行われていたものの、２００８年の募集以《い》降《こう》は長らく行われていませんでした。しかし、２０２１年11月に、実に13年ぶりとなる日本人宇宙飛行士候補者の選《せん》抜《ばつ》試《し》験《けん》実《じっ》施《し》と志《し》望《ぼう》者《しゃ》の応《おう》募《ぼ》をよびかけました。日本がアルテミス計画への参加を表明したこともあり、将《しょう》来《らい》、ゲートウェイへの滞《たい》在《ざい》や月《げつ》面《めん》探《たん》査《さ》などに参加する、新たな人材を確《かく》保《ほ》しようと考えたのです。

宇宙飛行士は宇宙で実験やロボットアームの操《そう》作《さ》などをすることから、２００８年の募集ま

では「自然科学系《しぜんかがくけい》の4年制大学《ねんせいだいがく》を卒業していること」「自然科学系の分野で3年以上働いたことがあること」が条件《じょうけん》でした。でも、2021年の募集ではこうした条件はなくなり、3年以上の実務経験《じつむけいけん》があれば、誰《だれ》でも応募できるようになりました。

2021年の 宇宙飛行士の応募条件《おうぼじょうけん》

- 身長149.5〜190.5㎝
- 視力《しりょく》1.0以上（めがねやコンタクトレンズ使用可《しようか》）
- 色覚と聴力《ちょうりょく》が正常《せいじょう》
- 3年以上働いたことがある

応募がしやすくなったためか、最終的な応募者は4127人にものぼりました。選考は書類選抜から始まり、5段階《だんかい》の選考が行われました。最終となる第3次選抜では、月の環境《かんきょう》に似《に》せた宇宙探査フィールドに受験者が一人ずつ滞在し、その経験を英語で伝えるというアルテミス計画を意識《いしき》した試験項目《しけんこうもく》も用意されていました。

これらの試験を見事乗り越《こ》えた2人は現在《げんざい》、宇宙飛行士になるための基礎訓練《きそくんれん》を受けていて、2025年には正式な宇宙飛行士として認定《にんてい》される予定です。

JAXAは今後5年ごとを目安に、新たな宇宙飛行士候補者の募集を継続的《けいぞくてき》に実施する予定です。将来、みなさんも応募する機会があるかもしれませんね。

英語は
大事なんだね。

試験の流れ

慎重《しんちょう》に
選ぶんだ
ワン。

2021年の例です。

スタート!

書《しょ》類《るい》審《しん》査《さ》

応募資格《おうぼしかく》があることの証明《しょうめい》や、健康診断《けんこうしんだん》の結果などの書類を提出《ていしゅつ》

ABC
DEFG

0次選抜

英語試験。合格者は一般教養試験《いっぱんきょうようしけん》、STEM※分野の試験、小論文《しょうろんぶん》、適性検査《てきせいけんさ》、志望動機などの書類提出

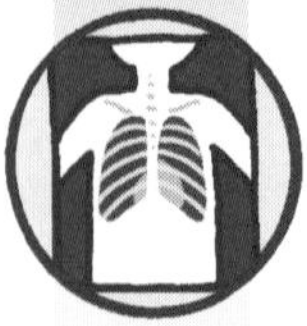

1次選抜

一次医学検査、医学特性検査、プレゼンテーション試験、資質特性検査《ししつとくせいけんさ》、運用技量試験《うんようぎりょうしけん》

2次選抜

二次医学検査、医学特性検査、面接試験《めんせつしけん》（英語、資質特性、プレゼンテーション）

ゴール!

3次選抜

三次医学検査、医学特性検査、資質特性検査、運用技量試験、面接試験（総合《そうごう》、英語、プレゼンテーション）

※ STEM はScience（科学）、Technology（技術《ぎじゅつ》）、Engineering（工学）、Mathematics（数学）の略《りゃく》。

厳《きび》しい訓練を受け 宇宙飛行士認定へ

選出された宇宙飛行士候補者は、ＪＡＸＡの職員《しょくいん》となり、宇宙飛行士に認定されるための基礎訓練を受けます。訓練の科目は２３０ほどで、合計で１６００時間にもなります。

まず、宇宙飛行士の仕事をするうえで必要な機械工学、生命科学、宇宙科学などの基礎《きそ》的《てき》な知識《ちしき》を学びます。さらに、実際《じっさい》に滞在する可能《かのう》性《せい》の高いＩＳＳや「きぼう」のシステムについて学びます。特に「きぼう」については、深いレベルで理解《りかい》して運用できるように、しっかりと時間をかけて学びます。

これらの科目に加えて、宇宙飛行士としての能力《のうりょく》の維持《いじ》向上をめざした基礎《きそ》能力《のうりょく》訓練《くんれん》が実施されます。基礎能力訓練では、ＩＳＳの公用語である英語だけでなく、ロシアでの訓練に備《そな》え、ロシア語も学びます。そして、Ｔ－38ジェット練習機での飛行訓練、野外でのサバイバル訓練、宇宙服を着て水中で作業をする訓練など、さまざまな訓練を積み重ね、宇宙飛行士として認定されるのです。そして認定されたあとも訓練は続きます。

宇宙飛行士の訓練のイメージ。問題が起こっても落ち着いて対《たい》応《おう》できるよう、さまざまな場面を想定した訓練が行われる。

7章

宇《う》宙《ちゅう》探《たん》査《さ》で、生命発見!?

地球は生命に満ちあふれた天体ですが、こうした天体は他に見つかっていません。宇宙で生命が誕生《たんじょう》するにはどんな条件《じょうけん》が必要なのでしょう。

地球以外の生命って、なんだかわくわくするね。
地球にいるぼくたちが、別の天体から観察されてるかもしれないワン！

生命についてわかっていること

- 地球でしか見つかっていない
- 液《えき》体《たい》の水が必要
- 生き物の体をつくる有機物が必要
- 生き物をつくるエネルギーが必要

たくさんの探査機が
宇宙を飛んでいるのね！
ホエ〜
宇宙と生命の関係に
ついて考えてみるぞ。

「火星人存《そん》在《ざい》説《せつ》」が唱えられた19世《せい》紀《き》

地球には人類をはじめ、たくさんの生き物がいます。地球上にいる生き物は、巨《きょ》大《だい》なものから目に見えない小さな細《さい》菌《きん》まで、知られているものだけでも１７５万種ほどです。一方、宇宙に目を向けると、生命の存在が確《かく》認《にん》されている天体は今のところ地球だけです。地球の生命は宇宙の中で孤《こ》独《どく》な存在なのでしょうか。

地球以外の天体で生命を探《さが》す研究はこれまでもたくさんの人が挑《ちょう》戦《せん》してきました。これまでで一番探査が進んでいるのは、地球の隣《となり》の惑《わく》星《せい》である火星です。実は19世紀に「火星人がいる」という説が唱えられ、その説を多くの人たちが信じたこともありました。

火星人存在説を唱えたのは、アメリカの文化人**パーシバル・ローウェル**です。当時、火星の表面に複《ふく》数《すう》の模《も》様《よう》があることが知られていました。これを「誰《だれ》かがつくった**運《うん》河《が》**だ」と信じ、「火星人がいる！」と主《しゅ》張《ちょう》したので

パーシバル・ローウェル 1855-1916

アメリカの文化人。資産家で、自《じ》費《ひ》でローウェル天文台をつくり、特に火星の観察に力を入れた。

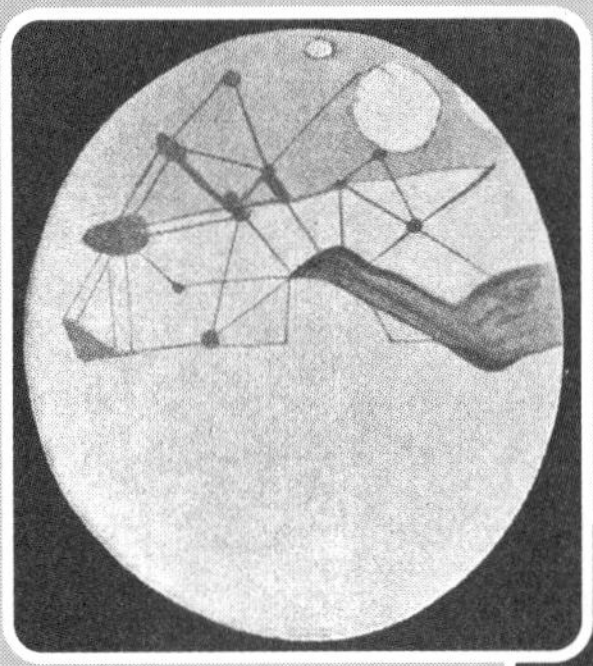

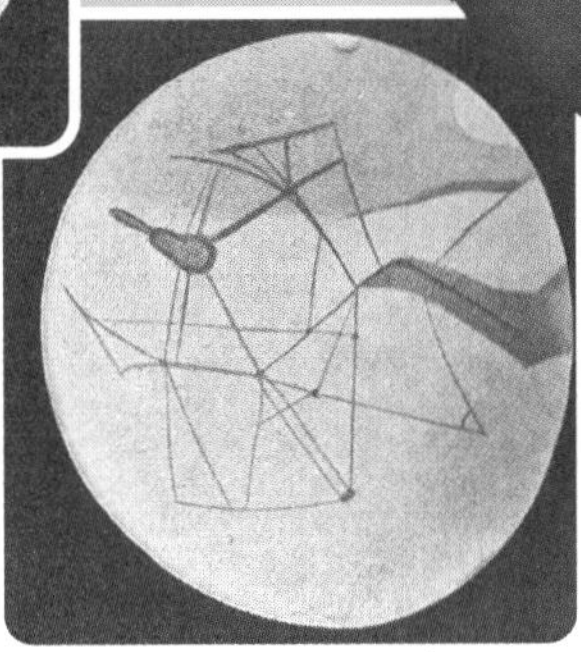

▲▶火星の表面(右)と、ローウェルがスケッチした火星表面の模様のようす。

写真：NASA

す。この主張は多くの人たちの関心を集め、火星人が地球に攻《せ》めてくるSF小説が書かれたりもしました。しかし、当時の天体《てんたい》観測《かんそく》の技術《ぎじゅつ》では、火星の生命をくわしく調査《ちょうさ》することはできませんでした。

1960年代に入ると、火星に探査機が送りこまれ、火星を近くから観察できるようになりました。その結果、火星の表面に運河はなく、火星人も発見されませんでした。探査機が写した火星は、表面に砂嵐《すなあらし》が吹《ふ》き荒《あ》れる、生命の存在がまったく感じられない荒涼《こうりょう》とした世界だったのです。

イギリスの有名なSF作家H.G.ウェルズは、『宇宙戦争』でタコのような火星人を登場させたよ。

運河
船で荷物を運んだりできるよう、地面をけずってつくった人工的な水路のこと。

火星の探査では、
これまでいくつもの探査機が
着陸に失敗してるんだって！

「サンプルリターン」による火星の調査計画が進んでいる！

それでは、火星には生命が存在する可能性《かのうせい》がまったくないのでしょうか。実はそうでもありません。確《たし》かに、火星人のような知的生命体や大きな生命がいる可能性はないのですが、肉眼《にくがん》では見えないような小さな生き物がいる可能性は残されています。火星にはこれまでたくさんの探査機が送りこまれ、表面を調査する「マーズ・ローバー」という探査車両も活躍《かつやく》してきました。時間をかけて火星をよく調べるうちに、火星の表面には大昔には海が存在していたと考えられるようになってきたのです。さらに、火星の地下には水や氷がある証拠《しょうこ》がいくつも発見されています。

天体に生命が誕生するためには、「液体の水」「**有機物**」「エネルギー」の3つの要素《ようそ》が必要だといわれています。なかでも液体の水があることはとても重要で、物質の合成など、複雑な化学反応を進めることができます。

有機物

炭素《たんそ》をふくんだ物質で、生き物の体を構成《こうせい》する。アミノ酸やタンパク質も有機物の仲間。二酸化炭素《にさんかたんそ》や一酸化炭素などは炭素をふくむが、無機物とされる。

主な火星探査の歴史《れきし》

1965年	アメリカの「マリナー4号」が火星の表面を撮影《さつえい》。
1971年	ソ連の「マルス3号」が世界で初めて火星に着陸。しかし、すぐに故障《こしょう》。
1971年	アメリカの「マリナー9号」が世界で初めて火星の周回《しゅうかい》軌道《きどう》に乗る。
1976年	アメリカの「バイキング1号」の着陸船が火星に着陸。
1997年	アメリカの「マーズ・パスファインダー」の着陸機が着陸。探査車（マーズ・ローバー）が岩石などを採取《さいしゅ》。
2012年	アメリカの「マーズ・サイエンス・ラボラトリー」の探査車「キュリオシティ」が着陸。
2021年	中国の「天問《てんもん》1号」の着陸船が火星に着陸。アメリカの火星探査車「バーサビアランス」が火星に着陸。

◀火星の表面を自動で走る探査車はマーズ・ローバーとよばれる。写真は2012年から活躍しているマーズ・ローバー「キュリオシティ」。写真：NASA

日本は小惑星からのサンプルリターンに成功してるんだワン!

こうした水は生命が生まれる場所となります。ですから科学者たちは、まず液体の水がある場所を探し、生命がいる証拠を探そうとしています。

もっとくわしく天体の特徴《とくちょう》を調べるため、現在《げんざい》、NASA《ナサ》(アメリカ航《こう》空宇宙局《くううちゅうきょく》)とESA《イーサ》(ヨーロッパ宇宙機関)は火星から岩石などの試料(サンプル)を地球に持ち帰る「火星サンプルリターン計画」を進めています。「サンプルリターン」はこれまでも月や小惑星などでも行われ、岩石などを持ち帰ってきました(⇩P.129から深ぼり!)。しかし、火星の岩石はまだ誰も手にしていません。「火星サンプルリターン計画」は3段階《だんかい》に分かれています。まずは2021年、第1段階として火星探査車「パーサビアランス」が火星の岩石採取に成功し、火星のサンプルを容器《ようき》に入れました。

第2段階は、サンプル入りの容器を火星着陸機「SRL」に乗せて、小型《こがた》ロケット「MAV」で火星の周回軌道へと打ち上げる予定です。火星の周回軌道にはESAの地球帰還機《きかんき》「ERO」が待《ま》ち構《かま》えています。

第3段階では、MAVからEROに火星のサンプルが渡《わた》され、地球へ運

火星から岩石が届《とど》くの、楽しみね！

ばれます。火星上でのサンプルの回収《かいしゅう》方法など細かい調整が続けられていますが、パーサビアランスが採取した火星のサンプルは2030年代に地球に到着《とうちゃく》する予定です。

また、日本は火星の衛星《えいせい》「フォボス」からサンプルを持ち帰る「火星衛星探査計画(MMX)」を計画しています。まずは2026年の探査機打ち上げに向けた準備《じゅんび》が進められています。

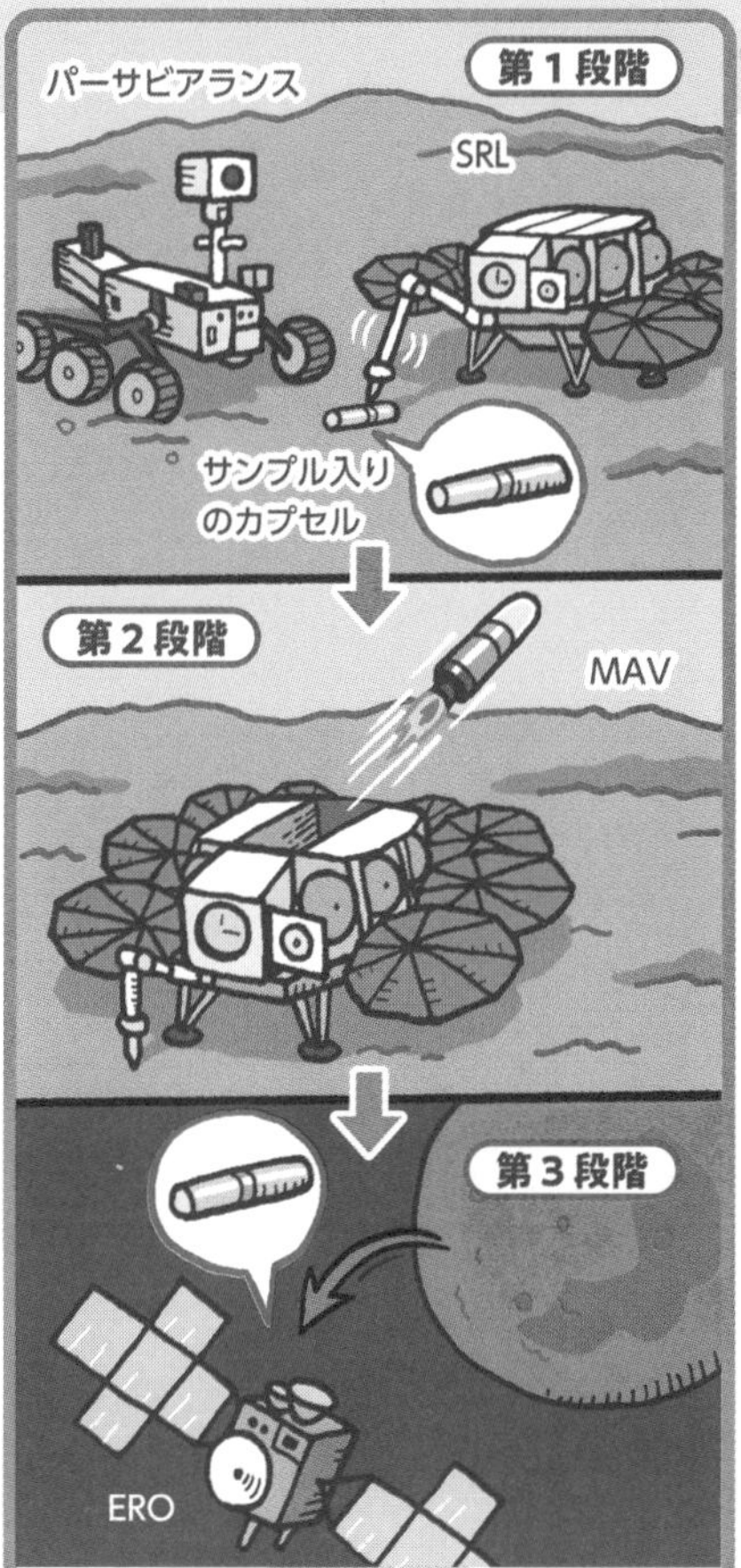
パーサビアランス
第１段階
SRL
サンプル入りのカプセル
第２段階
MAV
第３段階
ERO

「火星サンプルリターン計画」のイメージ

第１段階で岩石を採取、第２段階で岩石の入った容器を火星の周回軌道に打ち上げ、第３段階で容器を回収して地球に持ち帰ります。

パーサビアランスは、英語で「忍耐強《にんたいづよ》さ」というような意味だよ。

MMX

Martian Moons eXploration《マーシャン ムーンズ エクスプロレーション》の略《りゃく》。火星の衛星であるフォボスの探査を行う予定。

地球上ではシリカの多くは「石英《せきえい》」という鉱物《こうぶつ》になっているワン。
石英が細かくなると「砂」になるワン！

氷の天体には、生命が存在する!?

太陽系《たいようけい》の中で生命の存在が期待されている天体は火星だけではありません。最近、火星よりも遠い天体に生命が存在する可能性が出てきました。その代表が土星の衛星「**エンケラドス**」です。エンケラドスは土星の衛星の中で6番目に大きな天体で、直径は500㎞ほどです。表面が氷におおわれているため、これまで生命がいるとは思われていませんでした。

ところが、土星探査機「カッシーニ」の観測から、エンケラドスの表面にできたいくつもの亀裂《きれつ》から氷が噴《ふ》き出《だ》していることが確認され、その中にとても小さなシリカ(二酸化ケイ素《そ》)という物質がふくまれていたのです。なぜこんな小さなシリカができたのか、地上で実験をしてみると、90℃以上の熱水環境《ねっすいかんきょう》が必要なことがわかりました。

このことから、エンケラドスの内部には熱い海があるのではないかと考えられるようになったのです。エンケラドスには内部の氷を溶《と》かすエネル

エンケラドス
土星の第2衛星で、土星からの距離は約24万㎞。

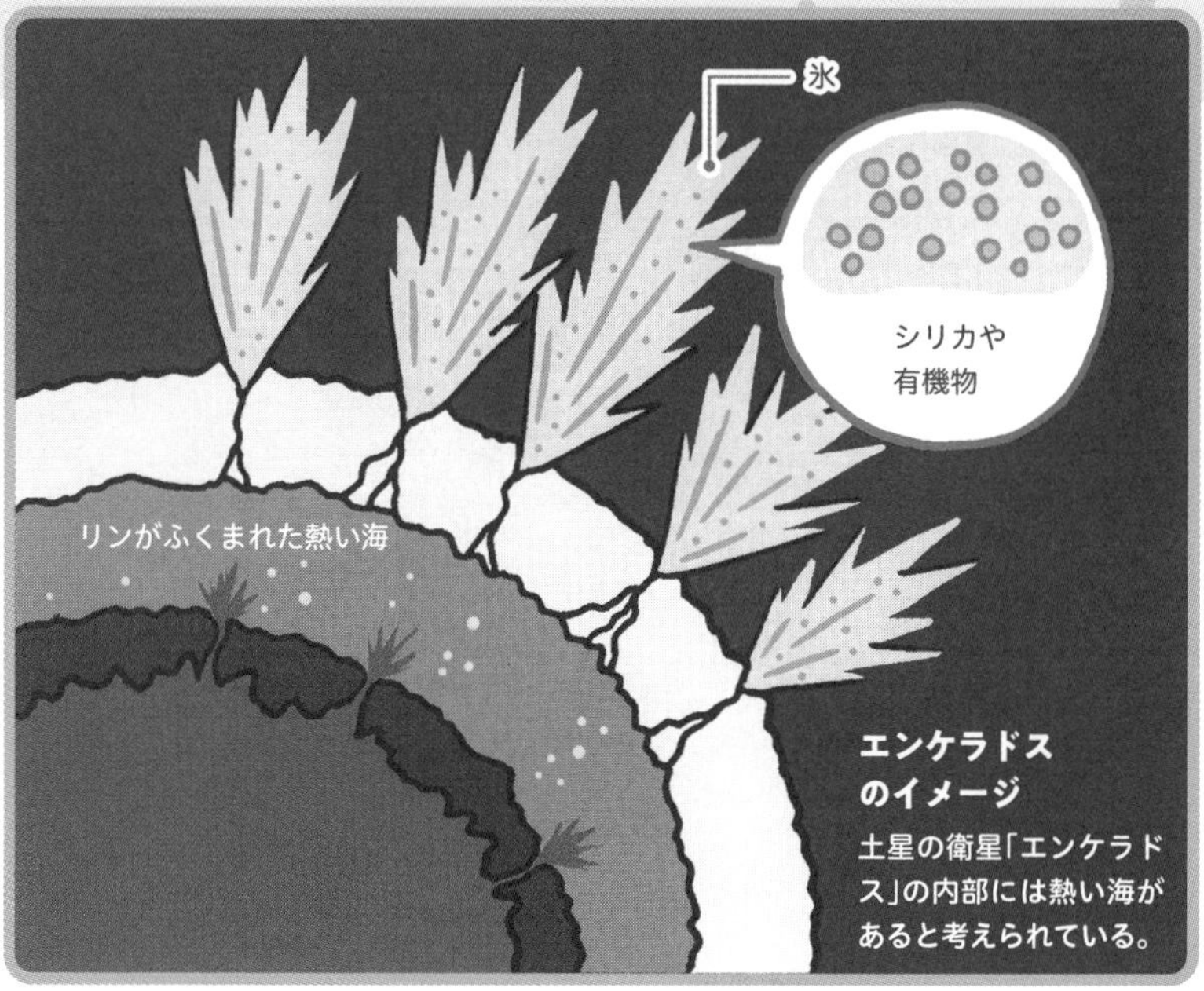

エンケラドスのイメージ

土星の衛星「エンケラドス」の内部には熱い海があると考えられている。

ギー源《げん》があるのです。

また、エンケラドスの噴出物《ふんしゅつぶつ》からは、有機物も発見されました。これで生命誕生の3要素である「液体の水」「エネルギー」「有機物」の存在が確認されたことになります。地球以外でこのような天体が発見されたのは初めてのことです。最近では、エンケラドスの内部海には生命に必須《ひっす》な元素《げんそ》である「リン」がたくさんふくまれていることもわかりました。エンケラドスに新しい探査機を送って噴出物をよりくわしく分析《ぶんせき》すれば、生

リンは私たちの体をつくる時にも必要な物質なんだって！

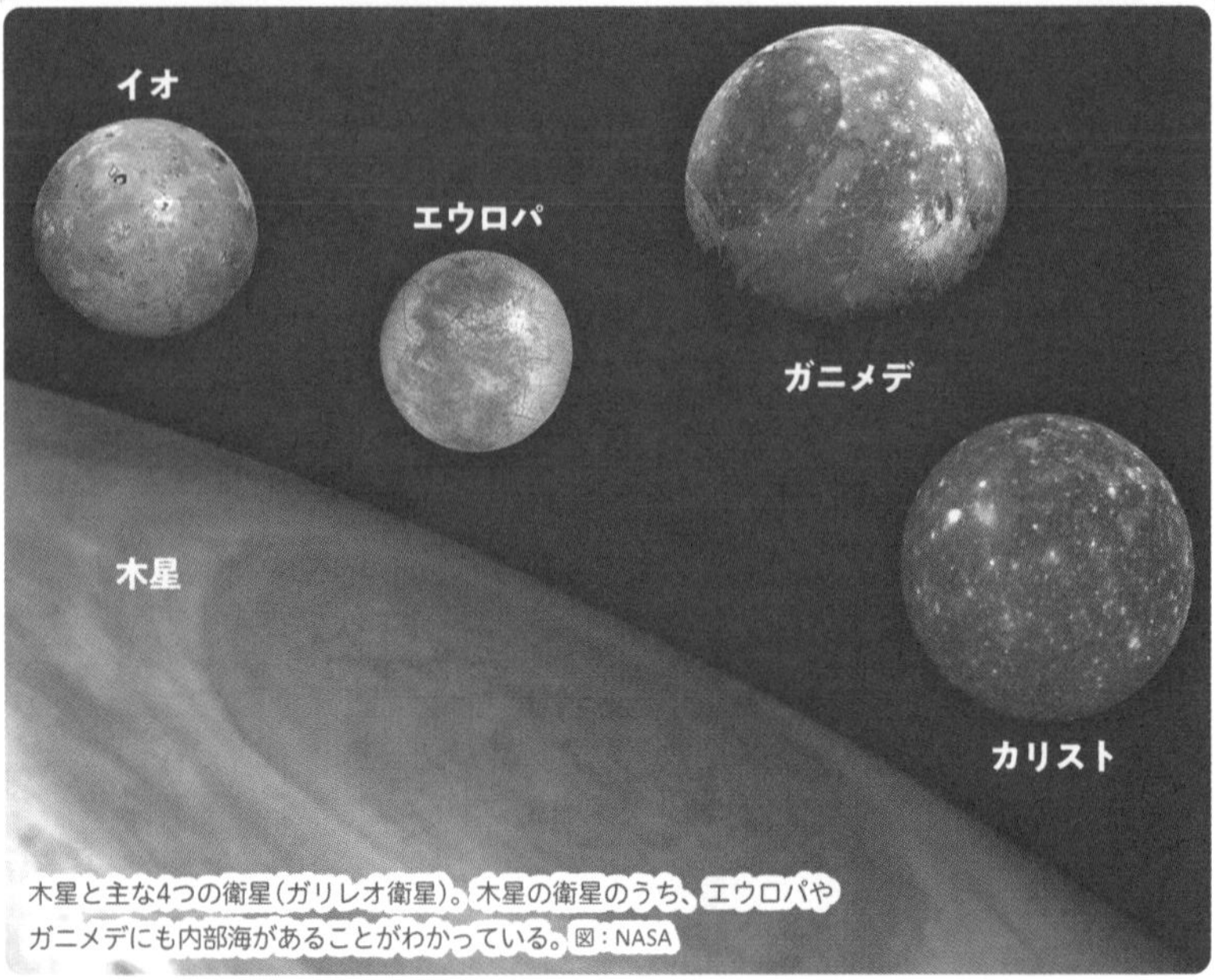
イオ
エウロパ
ガニメデ
木星
カリスト

木星と主な4つの衛星（ガリレオ衛星）。木星の衛星のうち、エウロパやガニメデにも内部海があることがわかっている。図：NASA

命が存在する確かな証拠をつかめるかもしれません。

　探査機による観測が進んだことで、木星の衛星エウロパ、ガニメデにも内部海があることがわかってきました。ＥＳＡと日本のＪＡＸＡ《ジャクサ》（宇宙航空研究開発機構《うちゅうこうくうけんきゅうかいはつきこう》）は、木星の歴史やガニメデなどの衛星を調査するため、２０２３年に木星氷衛星探査機《もくせいこおりえいせいたんさき》「ＪＵＩＣＥ《ジュース》」を打ち上げました。ＪＵＩＣＥは２０３０年代に木星周辺に到着し、科学観測をスタートさせる予定です。

これからの
太陽系探査からも
目が離《はな》せないね！

JUICE

木星周辺に到着した後は、おもに衛星のガニメデを探査する予定。

天体の岩石などを持ち帰る

サンプルリターンについて深ぼりしよう！

天体などを調べる「サンプルリターン」について解説《かいせつ》するぞ。

考えてみよう！

まだ、サンプルリターンに成功していない天体はどれ？

サンプルリターンには高度な技術が必要なんじゃ。

① 月

② 火星

③ 木星の衛星

火星にはたくさんの探査機が送られていたわよね。

答えは一つとは限《かぎ》らないよ！

こたえは……

②③ **火星と木星の衛星**

地球以外の天体から試料を地球に持ち帰るのが「サンプルリターン」じゃ。火星にはたくさんの探査機が送られているのじゃが、まだサンプルリターンには成功してないんじゃ。これからの挑戦が計画されているぞ。

サンプルリターンで大活躍　小惑星《しょうわくせい》探査機《たんさき》「はやぶさ」

人類は探査機を送ることで、火星や木星といった太陽系の天体のよりくわしい情報《じょうほう》を得《え》られるようになりました。着陸機や探査車には複数の分析機が搭載《とうさい》されていて、天体の大気や岩石などを採取し、その場で分析することができます。しかし、載《の》せられる機器の大きさや数は制限《せいげん》されます。しかも、着陸機や探査車の開発、打ち上げ、目的の天体に到着するまでには何年もの時間がかかり、使うころには古くなってしまいます。

でも、サンプルを地球に持ち帰れば、最新の機器や方法で、もっとくわしい分析をすることができます。また、現在の技術ではわからなくても、未来の新しい方法で分析すれば新しい発見があるかもしれません。サンプルリターンは、未来の人たちに宝物《たからもの》を残すことになる

小惑星探査機「はやぶさ」

2003年に打ち上げられ、2005年に「イトカワ」でサンプル採取後、2010年に地球に帰還した。

小惑星探査機「はやぶさ」によってわかった、イトカワ誕生の秘密《ひみつ》

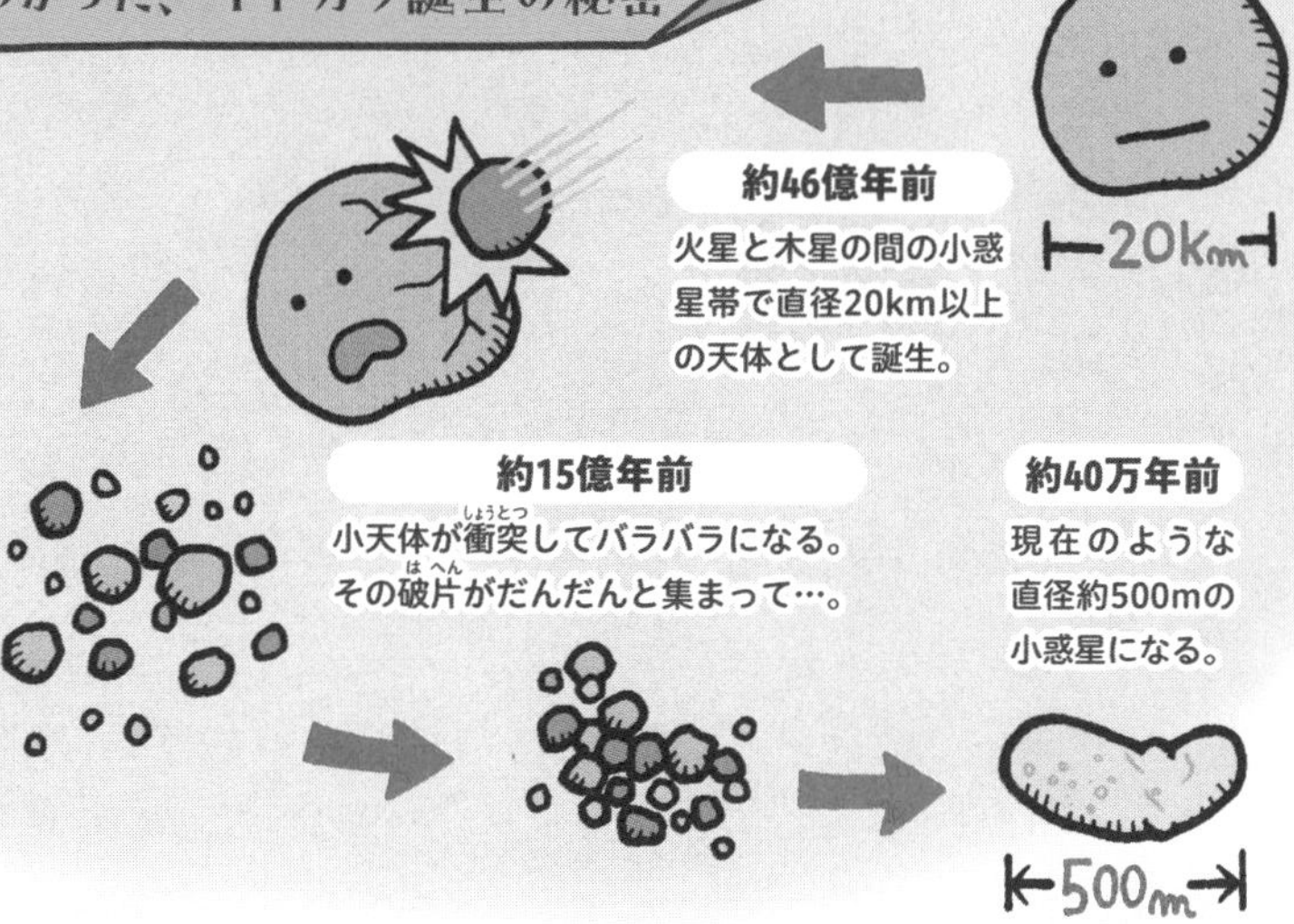
約46億年前
火星と木星の間の小惑星帯で直径20km以上の天体として誕生。
20km
約15億年前
小天体が衝突《しょうとつ》してバラバラになる。その破片《はへん》がだんだんと集まって…。
約40万年前
現在のような直径約500mの小惑星になる。
500m

のです。アポロやソ連の月探査による「月の石」のほか、NASAは彗星のちりを地球に持ち帰るサンプルリターンに成功していました。

サンプルリターンが注目を集めるきっかけをつくったのはJAXAが開発した**小惑星探査機「はやぶさ」**です。「はやぶさ」は、地球と火星の間にある小惑星「イトカワ」で1500個《こ》以上の微粒子《びりゅうし》を採取し、地球に持ち帰りました。地上で微粒子を分析した結果、これまで知られていなかったイトカワの歴史がわかったのです。

JAXAは続いて、**小惑星探査機「はやぶさ2」**を地《ち》球《きゅう》近《きん》傍《ぼう》小《しょう》惑《わく》星《せい》「リュウグウ」に送りました。「はやぶさ2」は2度の着陸を成

小惑星探査機「はやぶさ2」
2014年に打ち上げられ、2019年に「リュウグウ」でサンプル採取後、サンプルの入ったカプセルを地球に向けて送り、別の小惑星に向かった。

▲◀小惑星探査機「はやぶさ」（上）と、「はやぶさ2」（左）。
©池下章裕

功させて、予定をはるかに上回る5・4gの砂や石のサンプルを地球に届けました。日本の研究チームは届いたサンプルをいち早く分析し、23種類のアミノ酸や、有機物をふくむ岩石の成分などを発見しました。

　サンプルリターンによる調査が進めば、太陽系の歴史をよりくわしく解明《かいめい》することができます。さらに、どのようにして地球に水や有機物がもたらされたのか、どのようにして地球の生命が誕生したか、という秘密にも迫《せま》れるかもしれません。

　日本が培《つちか》ってきたサンプルリターンの技術は、火星衛星探査計画《かせいえいせいたんさけいかく》（MMX）に引《ひ》き継《つ》がれ、火星誕生や太陽系の歴史の謎《なぞ》などを解《と》き明《あ》かすために活躍する予定です。

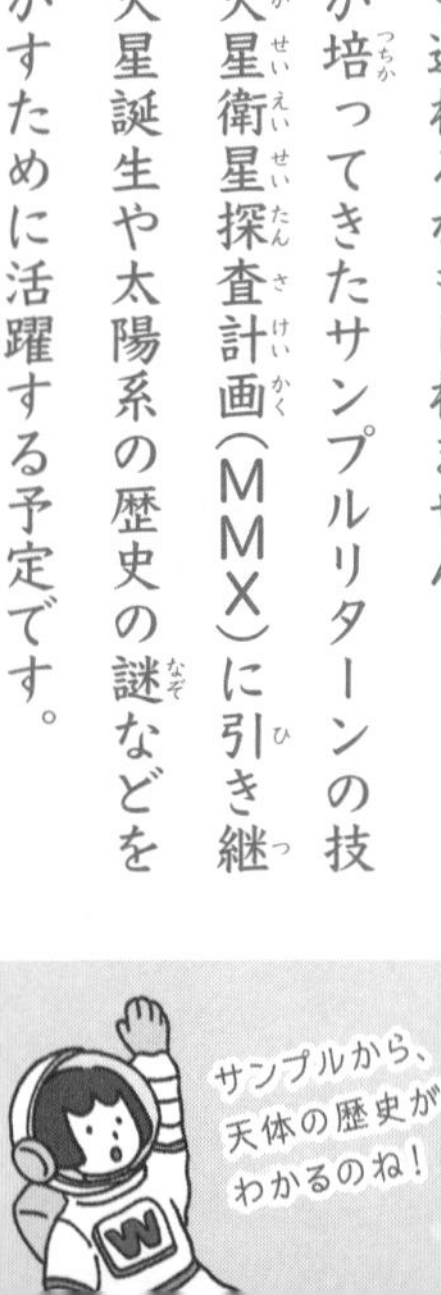

7章 まとめ

サンプルリターンで生命誕生の秘密もわかる!?

地球以外に生命がいるかどうかは、長い間人類の興味《きょうみ》をひいてきたよ。過去《かこ》には、火星人がいる、と信じた人たちもいたんだ。人類はその後、いくつもの探査機を使って天体を調べてきたよ。最初は天体のまわりを回る周回機だけだったけど、着陸機や探査車も加わり、探査の幅《はば》が広がってきたんだ。特に日本の小惑星探査機「はやぶさ」が小惑星「イトカワ」から岩石の微粒子(小さな粒《つぶ》)などを持ち帰った「サンプルリターン」は、天体の歴史を解き明かすために役立つ方法だと、世界の注目を集めたんだよ。今後は火星や火星の衛星「フォボス」などからサンプルを持ち帰る計画があるよ。これらのサンプルを地球の最新《さいしん》技術《ぎじゅつ》で分析することで、太陽系や太陽系の惑星の歴史がわかると期待されているんだ。

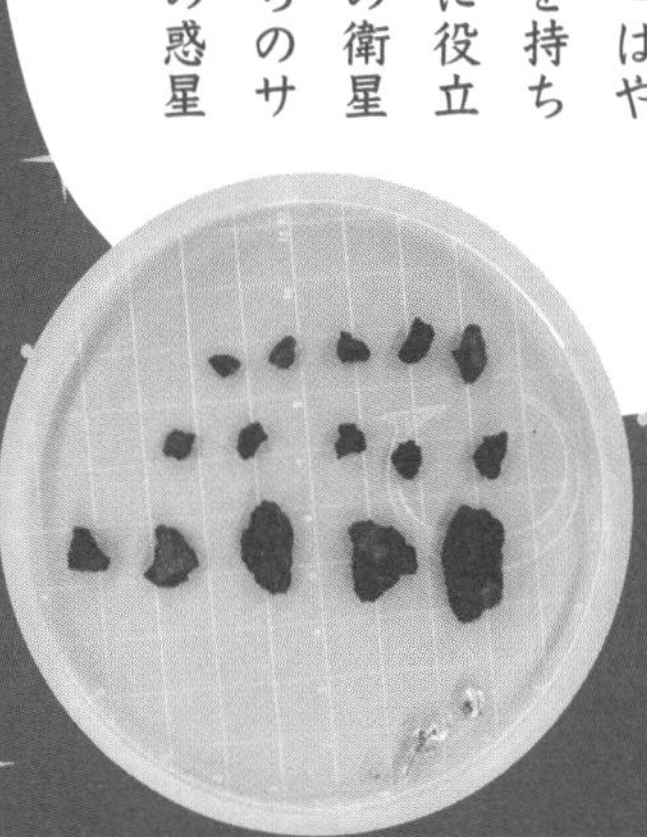

「はやぶさ２」がリュウグウから持ち帰った砂や石。横の長さが１㎝を超《こ》えるものもある。
提供：JAXA

プラスワン

太《たい》陽《よう》系《けい》の外の生命を探《さが》せ！

地球外生命は太陽系の中だけでなく、太陽系の外にもいると期待されています。どんな場所なら生命がいると考えられるのでしょうか。

生命のカギを握《にぎ》る「ハビタブルゾーン」

この宇宙《うちゅう》には数えきれないほどの恒星《こうせい》があり、それぞれの恒星のまわりには惑星《わくせい》があると考えられています。太陽のように、惑星を周囲《しゅうい》に引きつけている恒星のことを「主星《しゅせい》」といいます。そして、太陽以外の恒星の周囲にある惑星のことを「系外惑星《けいがいわくせい》（太陽系外惑星）」といいます。

生命の存在《そんざい》が期待できる系外惑星にはいくつかの条件《じょうけん》があります。まず、主星との距離《きょり》がちょうどいいことです。主星に近いと惑星の温度が高くなりすぎますし、遠いと寒くなりすぎます。主星からほどよく離《はな》れていて、生命が存在できる領域《りょういき》のことを「ハビタブルゾーン（生命《せいめい》居住可能領域《きょじゅうかのうりょういき》）」といいます。ハビタブルゾーンの中にある岩石惑星は、惑星の表面に液体《えきたい》の水の海ができていて、生命が存在する可能性《かのうせい》があります。

2024年1月15日現在《げんざい》、5500個《こ》以上の

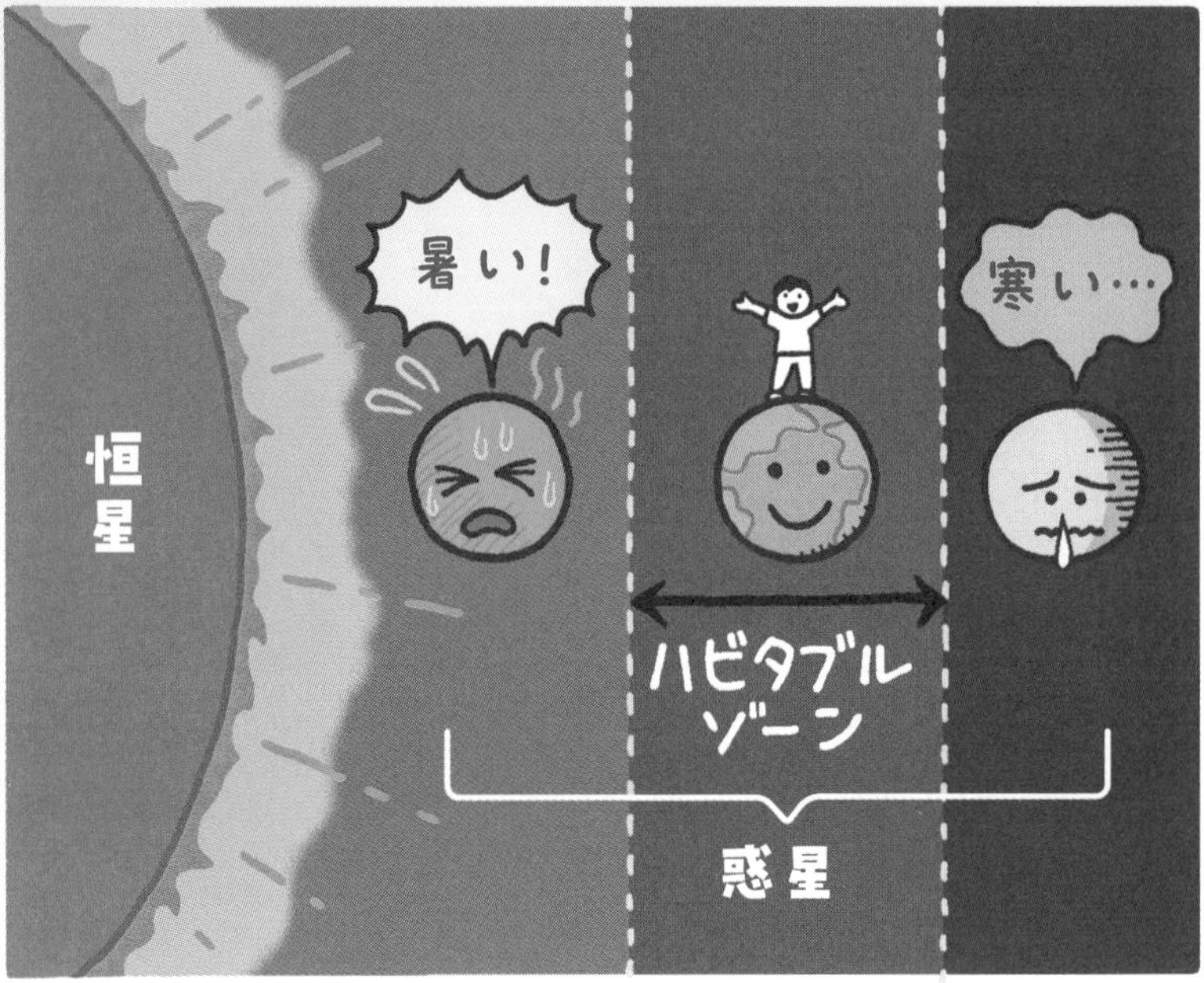

系外惑星が発見されていて、そのうち地球と同じような大きさのものが２００個近くあります。このうち、地球と同じくらいの密度の系外惑星がハビタブルゾーンの中にあれば、生命が存在する可能性が高まることになります。

太陽系の場合、ハビタブルゾーンの中に入っているのは地球と火星だけです。現在、火星には生命の存在が確認されていませんが、誕生《たんじょう》当初には生命が生まれていた可能性があると考えられています。

また、土星の衛星エンケラドスや木星の衛星《えいせい》エウロパのように、ハビタブルゾーンから外れている氷の天体でも、内部にエネルギー源《げん》があれば生命が存在できる可能性もあります。

系外惑星を発見してノーベル賞《しょう》を受賞《じゅしょう》

系外惑星探しは1940年代から行われていたのですが、誰《だれ》も発見できないまま50年ほどの時間が過《す》ぎました。そのため、1900年代前半には「系外惑星は存在しない」と考える研究者までいたそうです。

しかし、1995年、スイスの天文学者ミシェル・マイヨールとディディエ・ケローの2人が、地球から50光年ほど離れた場所にある恒星のペガスス座《ざ》51番星に系外惑星ペガスス座51番星bがあることを発見しました。

このとき、2人は望遠鏡で系外惑星を直接《ちょくせつ》見たわけではありません。でも、ドップラー法という方法でペガスス座51番星を精密《せいみつ》に観測《かんそく》し、系外惑星ペガスス座51番星bがあるという証拠《しょうこ》をつかんだのです。

マイヨールとケローの2人が発見したペガスス座51番星bは、地球の約149倍もの質量《しつりょう》をもつ巨大《きょだい》なもので、主星から約780万kmしか離れていませんでした。この距離は、太陽と地球の距離の20分の1程度しかなく、主星のまわりを4・23日で一周してしまうというとても短い周期で公転していました。

つまり、ペガスス座51番星bは、太陽系の惑星の姿《すがた》とは大きくかけ離れていたのです。そのため、多くの天文学者たちから「間違《まちが》いではないか」と批判《ひはん》されました。でも、2人のライバルであったアメリカの天文学者ジェフリー・

マーシーたちがすぐに検証《けんしょう》し、世界初の系外惑星であることが確認《かくにん》されたのです。

この発見以降《いこう》、たくさんの天文学者がこれまでの観測データを見直したり、新たな観測に取り組んだりして、新しい系外惑星が次々と発見されるようになりました。系外惑星が50年近く発見されなかったのは、天文学者たちが太陽系の惑星の姿にこだわりすぎていて、系外惑星のシグナルを観測していたにもかかわらず、「そのような惑星があるわけない」と観測結果を信じなかったことにも原因《げんいん》があるかもしれません。

ペガスス座51番星bを発見したマイヨールとケローは、この宇宙に系外惑星が存在することを初めて証明《しょうめい》しただけでなく、系外惑星探査《たんさ》の世界を切り開いたのです。２人は２０１９年にノーベル物理学賞を受賞しました。

ドップラー法のしくみ

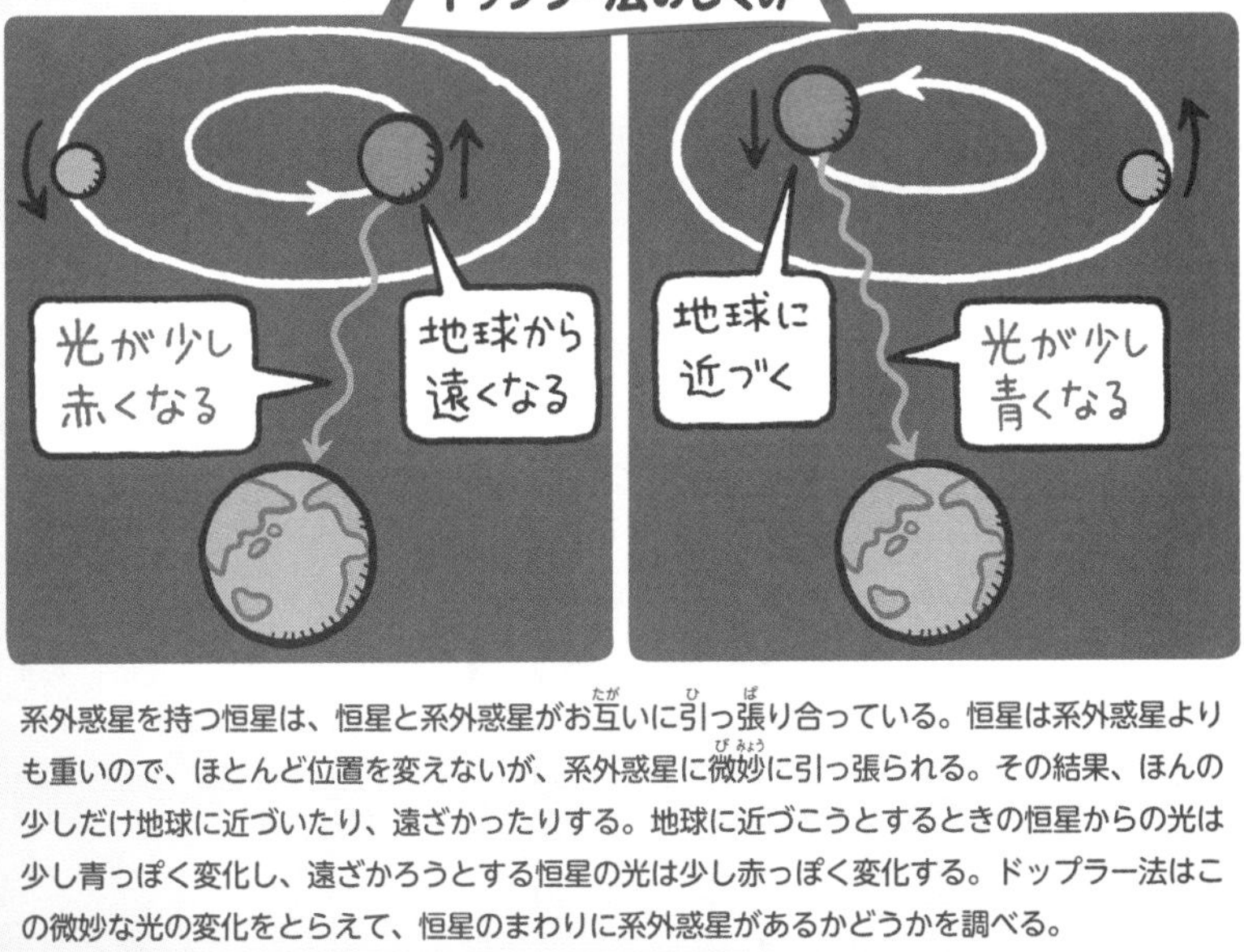

光が少し赤くなる
地球から遠くなる
地球に近づく
光が少し青くなる

系外惑星を持つ恒星は、恒星と系外惑星がお互《たが》いに引《ひ》っ張《ぱ》り合っている。恒星は系外惑星よりも重いので、ほとんど位置を変えないが、系外惑星に微妙《びみょう》に引っ張られる。その結果、ほんの少しだけ地球に近づいたり、遠ざかったりする。地球に近づこうとするときの恒星からの光は少し青っぽく変化し、遠ざかろうとする恒星の光は少し赤っぽく変化する。ドップラー法はこの微妙な光の変化をとらえて、恒星のまわりに系外惑星があるかどうかを調べる。

8章 宇宙《うちゅう》にはまだ謎《なぞ》がいっぱい！

宇宙はとても広く、太陽系《たいようけい》の外にも広がっています。そして、まだ解明《かいめい》されていない謎がたくさんあります。

宇宙は何でできているのかな？
宇宙には寿命《じゅみょう》がある？
ホエ～
ここでは、宇宙が何でできているかと、ブラックホールについて見てみるぞ。

宇宙には、わかってないことがまだまだあるんだワン！
宇宙は何でできている？
宇宙に生きものはいるの？
ブラックホールって何？
宇宙には外側がある？
私は宇宙の未来が気になるな。

宇宙の生命やブラックホールのふしぎ

私たちの属《ぞく》する太陽系は、「天《あま》の川《がわ》銀《ぎん》河《が》」という銀河のなかにあります。天の川銀河には、太陽と同じように自ら光る恒星《こうせい》が数千億個もあるといわれています。そして、これらの恒星の多くには惑星《わくせい》があると考えられています。太陽以外の恒星のまわりを回る惑星は「系外惑星《けいがいわくせい》」とよばれていて、なかには地球に似《に》た大きさのものも発見されています。系外惑星のなかには地球と同じように岩石でできていると考えられるものもあり、生命が存《そん》在《ざい》する可能性《かのうせい》もあるのです。地球外の生命の存在は、人々の大きな関心事の一つです。

現在《げんざい》、宇宙には数千億個もの銀河があるといわれています。1つの銀河の中には数千億個の惑星があるはずなので、実際《じっさい》のところはまだ誰《だれ》にもわかりませんが、生命が存在する星の候補はたくさんあるのです。

一方、多くの銀河の中心には、太陽の100万〜100億倍もの重さを

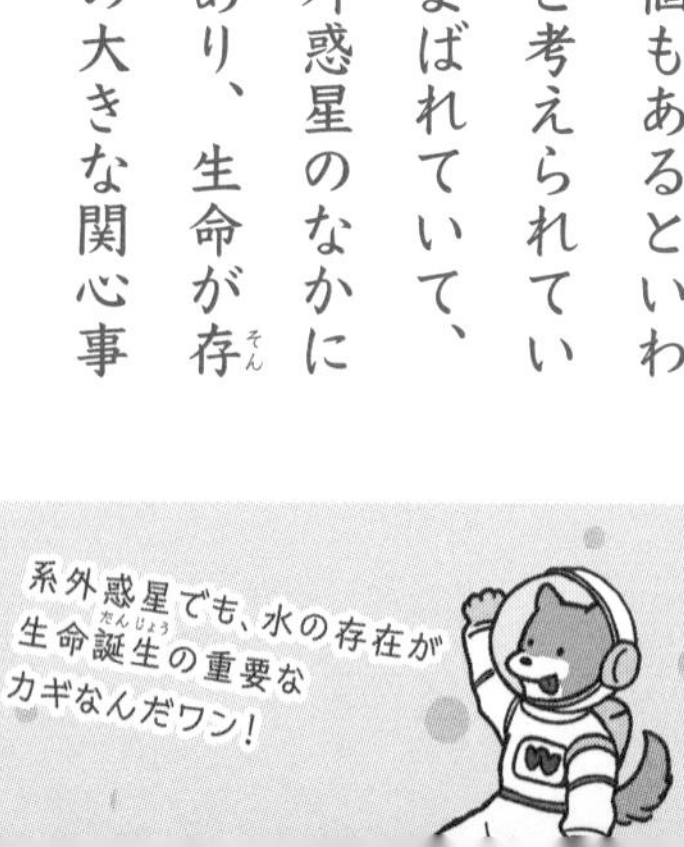
系外惑星でも、水の存在が
生命誕生《たんじょう》の重要な
カギなんだワン！

ブラックホールの種類

恒星質量ブラックホール
太陽の10倍の質量を持つ

中間質量ブラックホール
太陽の100～1万倍の質量を持つ

超大質量ブラックホール
太陽の100万～100億倍の質量を持つ

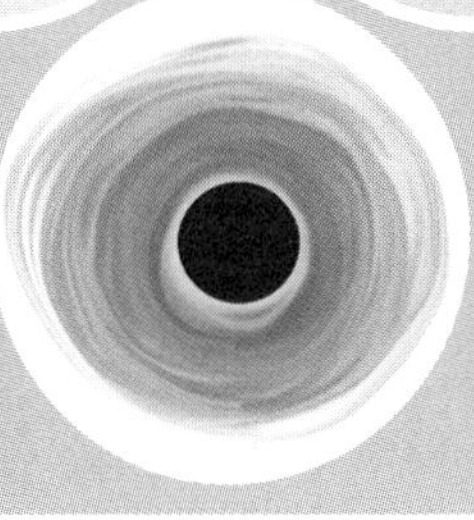

ブラックホールのイメージ
ブラックホールは光さえも吸《す》いこむため真っ暗で、普通《ふつう》の天体望遠鏡では見つけることができない。
イラスト：Longing888 / PIXTA

持つ、とても巨大《きょだい》なブラックホールがあることがわかってきました。「ブラックホール」という英語をそのまま日本語にすると「黒い穴《あな》」という意味になります。宇宙の中に穴があいているわけではありませんが、周囲《しゅうい》に光を一切《いっさい》出さないため、観測《かんそく》している人からすれば黒い穴があるように感じるふしぎな天体です（⇩P.149から深ぼり！）。

　ブラックホールは、大きさによって「恒星質量《こうせいしつりょう》ブラックホール」「中間質量《ちゅうかんしつりょう》ブラックホール」「超大質量《ちょうだいしつりょう》ブラックホール」の3種類に分けられています。銀河の中心で見つかっているの

ブラックホールはなんでも吸いこんじゃうんでしょ。ちょっと怖《こわ》い！

いて座A*の写真

天の川銀河の中心にある、太陽の400万倍もの質量を持つ超大質量ブラックホールの影《かげ》をとらえた写真。
Event Horizon Telescope/Science Photo Library/アフロ

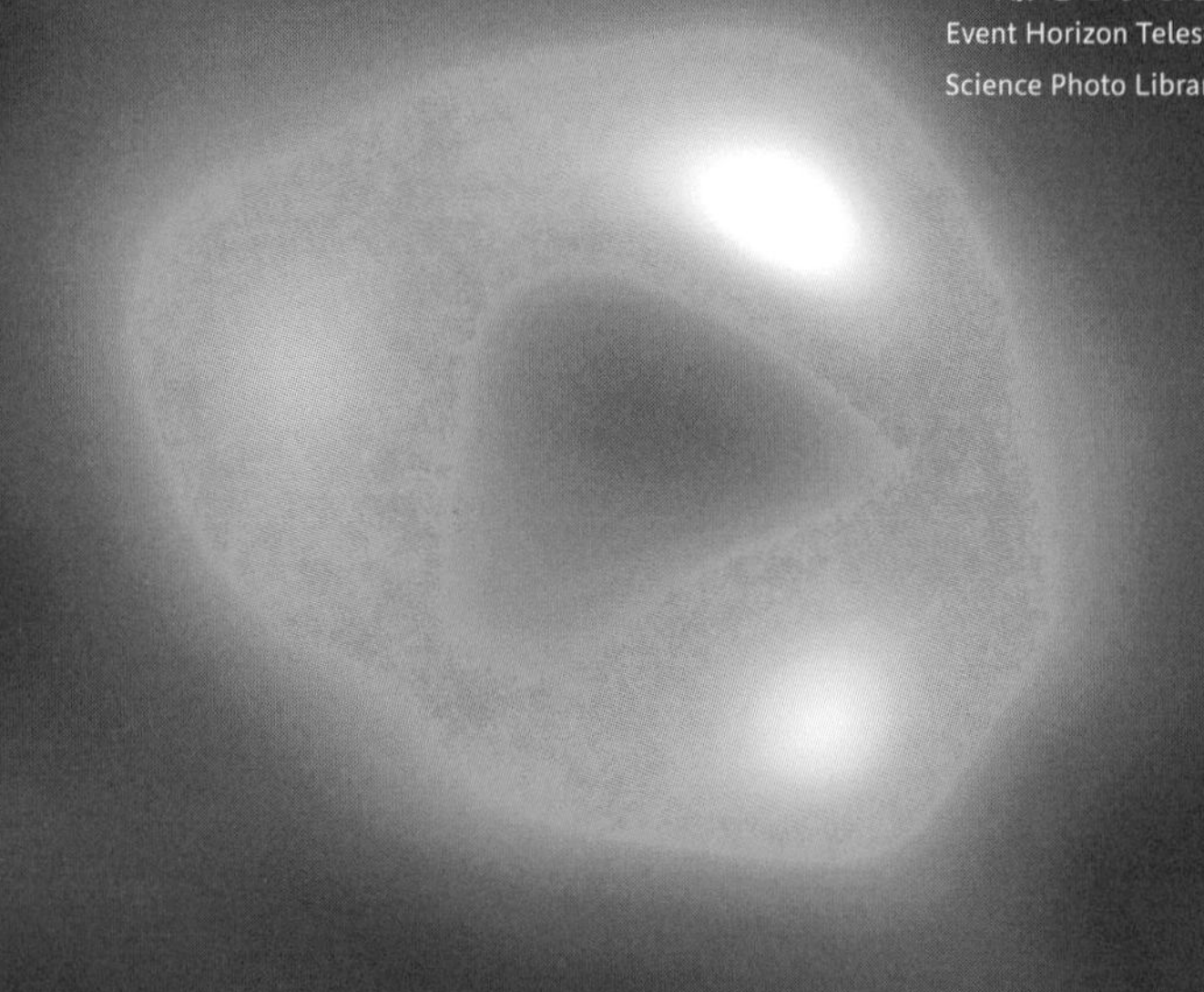

は、その中でも最も大きい超大質量ブラックホールなのです。

　私たちのいる天の川銀河の中心にも、超大質量ブラックホールである「いて座A*《ざエースター》」があることがわかっています。しかし、これほど大きなブラックホールがどのようにできたのか、なぜ銀河の中心に巨大なブラックホールがあるのかも、まだまだ謎なのです。

いて座A*の写真は2017年に撮影《さつえい》されて、2022年に公開されたんだワン！

太陽に寿命があるなんて、思ってもいなかった！

太陽や銀河の未来の姿《すがた》は？

太陽のような恒星や銀河の未来、という謎についても研究が進んでいます。太陽は寿命が100億年ほどだと考えられています。太陽は46億年前に誕生したので、約50億年後には死を迎《むか》えるはずです。

太陽のような恒星は、中心部分で**核融合反応**《かくゆうごうはんのう》を起こすことで、周囲にエネルギーを放出し、光《ひか》り輝《かがや》いています。この核融合反応ができなくなると、周囲に光を放つことができず、恒星としての死を迎えます。恒星の死にはいくつかの種類がありますが、太陽くらいの大きさの恒星は、寿命が近づくと、だんだんとふくらみ、赤色巨星《せきしょくきょせい》となります。核融合反応が終わると、恒星の外側にあるガスがだんだんと離《はな》れていき、最終的に白色矮星《はくしょくわいせい》という小さな天体になります。

その時、地球はどうなってしまうのでしょうか。地球は、太陽がふくらんで赤色巨星となるときに、今よりももっと外側へ移動すると考えられて

核融合反応

物質《ぶっしつ》をつくる部品である原子核《げんしかく》のうち、軽い原子核同士がくっついて、重い原子核になること。この時、とても大きなエネルギーが出る。

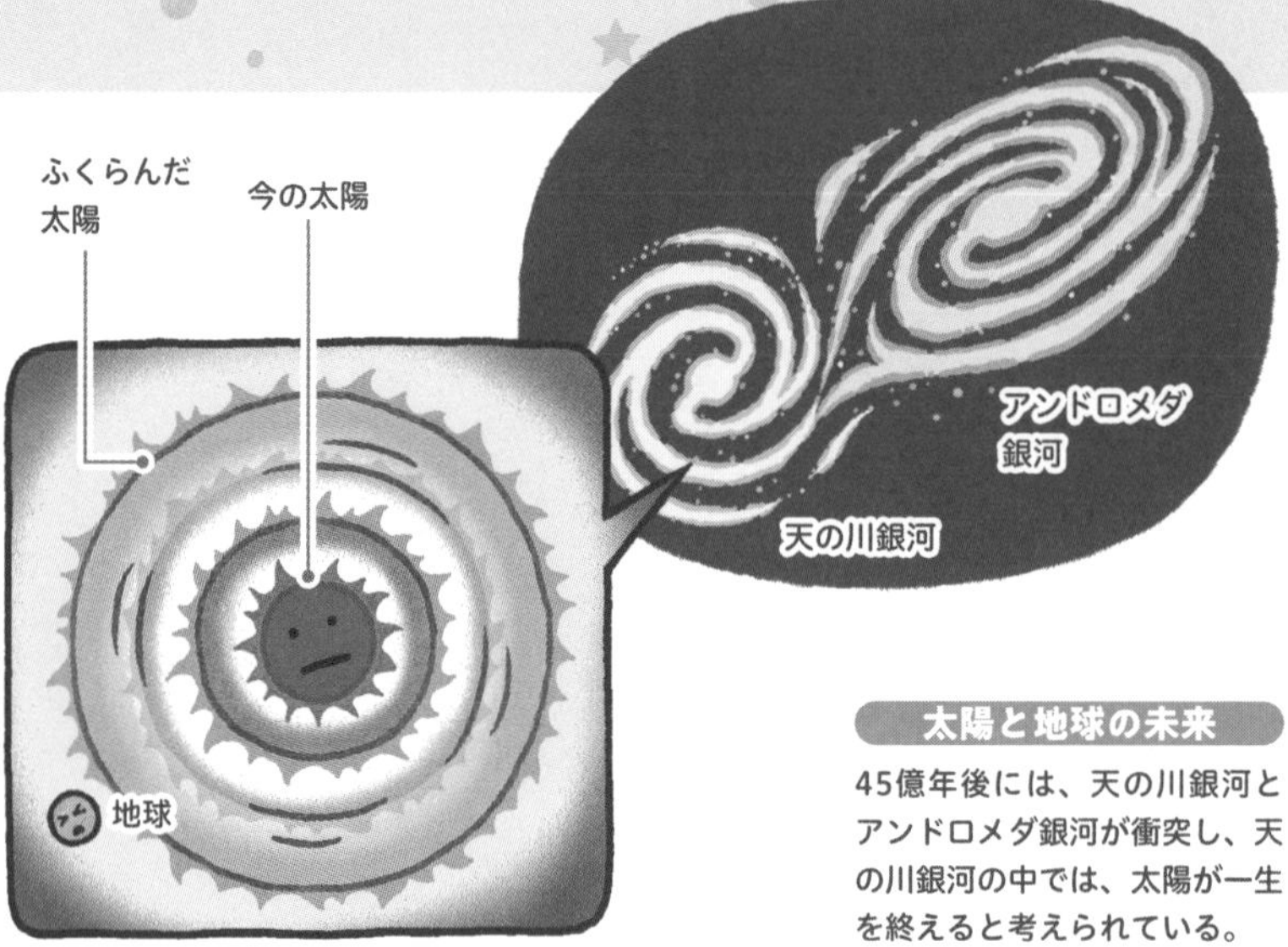

太陽と地球の未来

45億年後には、天の川銀河とアンドロメダ銀河が衝突し、天の川銀河の中では、太陽が一生を終えると考えられている。

います。地球よりも太陽に近い水星と金星は太陽にのみこまれてしまうことでしょう。

また、私たちの天の川銀河と、アンドロメダ銀河が衝突《しょうとつ》するのではないか、と予想されています。これまでも他の銀河と銀河が衝突して合体したと思われる証拠《しょうこ》が見つかっています。でも、もし2つの銀河が衝突したとしても、それぞれの銀河にある恒星同士がぶつかることはなさそうです。むしろ、アンドロメダ銀河と合体することで、地球から見られる恒星の数が増《ふ》えるかもしれません。

宇宙をつくるものと、宇宙誕生の歴史《れきし》

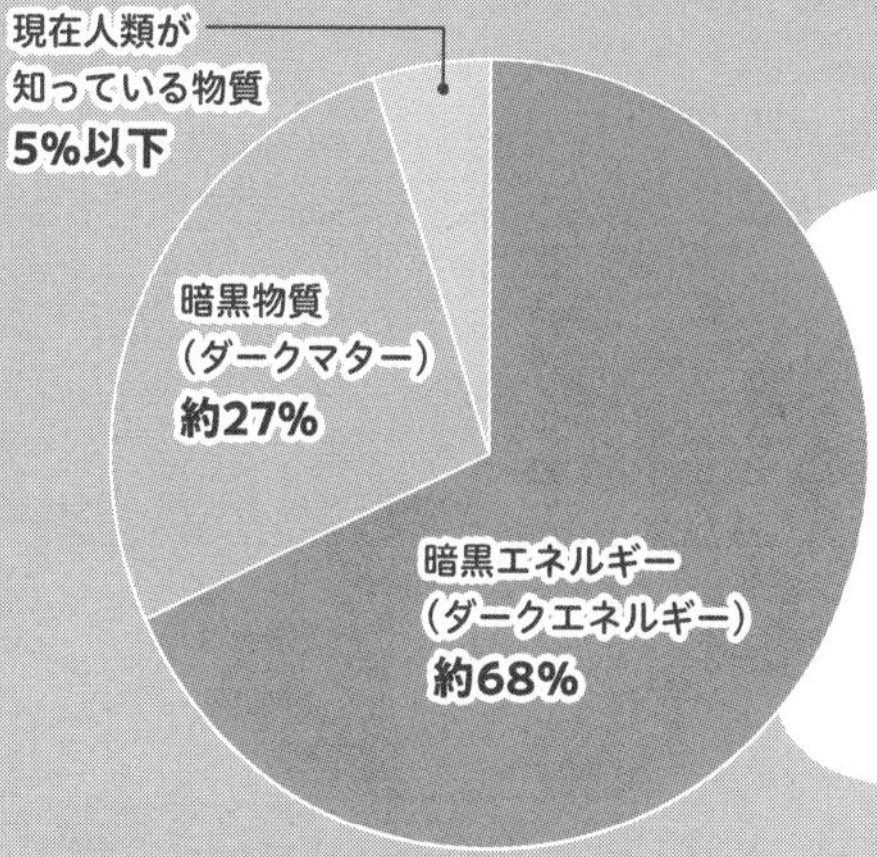

宇宙を構成しているものの内訳《うちわけ》

私たちが知っている物質はわずか5%以下で、宇宙が何でできているのかさえ、人類はわかっていません。

恒星や銀河の謎は少しずつ解明されてきています。しかし、近年の調査《ちょうさ》から、実は恒星や銀河などをつくる物質は、この宇宙を構成《こうせい》する成分の5%にも満たないことが明らかになりました。残り約95%のうち、約27%は暗黒物質《あんこくぶっしつ》（ダークマター）、約68%が暗黒エネルギー（ダークエネルギー）だと考えられています。しかし、暗黒物質も暗黒エネルギーもその正体は謎に包まれています。これらの正体がわからないと、本当に宇宙を理解《りかい》したことにはならないのです。

暗黒物質と暗黒エネルギーは、宇宙最大の謎といっても良いワン。

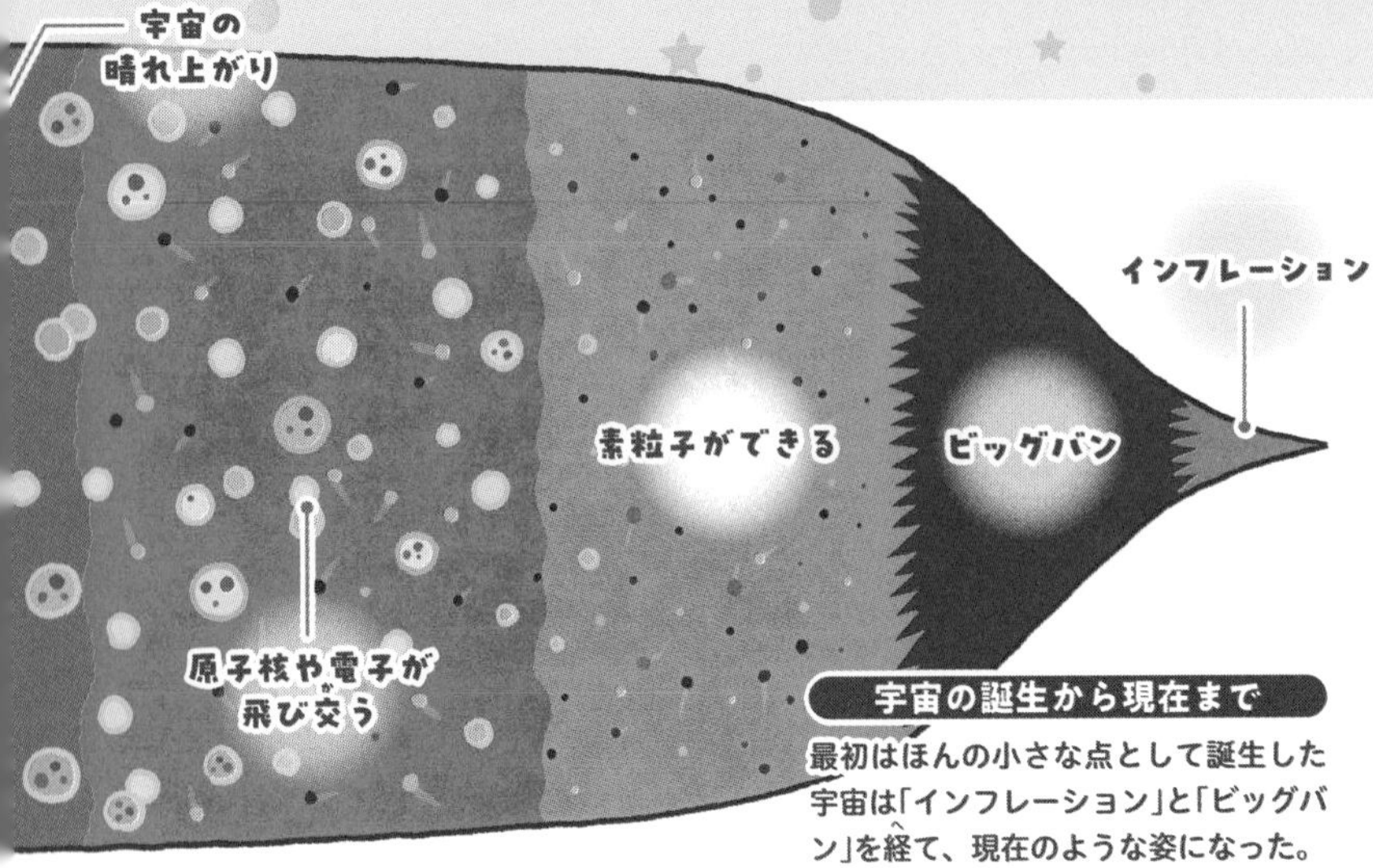
宇宙の
晴れ上がり
インフレーション
素粒子ができる
ビッグバン
原子核や電子が
飛び交う

宇宙の誕生から現在まで

最初はほんの小さな点として誕生した宇宙は「インフレーション」と「ビッグバン」を経《へ》て、現在のような姿になった。

一方、研究を積み重ねることで明らかになってきたこともあります。その一つが宇宙誕生から現在までの歴史です。宇宙は今から１３８億年前に誕生したと考えられています。宇宙は最初、何もないところから原子よりも小さな点として誕生し、それからすぐに「インフレーション」という現象《げんしょう》で急激《きゅうげき》に大きくなりました。その後、宇宙全体が超高温、超高圧《ちょうこうあつ》の火の玉のような状態《じょうたい》となる「ビッグバン」という状態になり、宇宙のようすが一変します。ビッグバンの衝撃《しょうげき》により、宇宙はどんどん膨張《ぼうちょう》していきました。すると、宇宙全体の温度が少しずつ下が

138億年！ 想像《そうぞう》もつかないくらい長い時間がかかってるのね。

宇宙の大規模構造《だいきぼこうぞう》
銀河ができる
恒星ができる

り、物質のもととなるもっとも小さな粒《つぶ》である「素粒子《そりゅうし》」ができました。さらに、素粒子がくっつくことで、ビッグバンから3分後には水素《すいそ》とヘリウムの**原子核**が誕生したのです。

誕生から3分後の宇宙には原子核のほか、**電子**もたくさんありました。原子核はプラスの電気を持ち、電子はマイナスの電気を持っているので、温度が低い状態であればくっつくことができます。しかし、長らく宇宙が高温だったため、たくさんの粒子がそのまま宇宙を飛び交っている状態が続きました。ビッグバンから約38万年後、宇宙の温度が3000℃

電子
マイナスの電気をおびた、質量を持つとても小さな粒。

原子核
プラスの電気をおびた、質量を持つとても小さな粒。原子核は素粒子がくっついてできている。

宇宙の温度が下がってきたころの姿

「宇宙《うちゅう》マイクロ波《は》背景放射《はいけいほうしゃ》」とよばれる図で、宇宙誕生から38万年後の宇宙のようす。図の明るい部分は温度が高かった場所、暗い部分は温度が低かった場所。写真：NASA / WMAP Science Team

くらいにまで下がると、ようやく原子核と電子が結合し、原子ができるようになりました。このときできた原子のほとんどが水素原子とヘリウム原子です。

これらの原子が集まって、恒星ができ、やがて銀河がつくられ、１３８億年もの時間をかけて、宇宙は現在の姿になったのです。こうした宇宙の歴史は、遠くの宇宙を観察することと、理論による計算によってわかってきました。

宇宙の温度が冷えたことで、ようやくたくさんの物質《ぶっしつ》ができたんだワン。

原子

原子核と電子からできている非常《ひじょう》に小さな粒で、化学的な性質《せいしつ》を持つ、物質を構成する最小の単位。

なんでも吸い込む天体!?

ブラックホールについて深ぼりしよう！

謎に包まれているブラックホールについて解説《かいせつ》するぞ。

? 考えてみよう！

銀河の中心にあるブラックホールはどれ？

1 恒星質量ブラックホール

2 中間質量ブラックホール

3 超大質量ブラックホール

とても重いものだったぞ。

とにかく大きいイメージよね。

中間ではなかったと思うよ。

こたえは……

③ 超大質量ブラックホール

ブラックホールは重さ(質量)によって分類されるぞ。銀河の中心にあるブラックホールは、太陽の100万~100億倍の重さを持ち、超大質量ブラックホールとよばれているのじゃ。

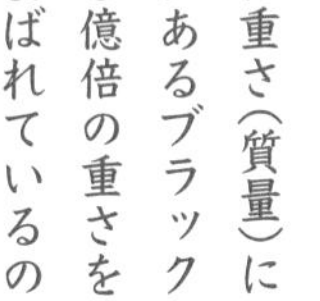

見えないブラックホールを理論《りろん》から予測《よそく》

望遠鏡による観測によって発見されてきた他の天体とはちがい、ブラックホールは理論的にその存在が先に予測されていた、珍《めずら》しい天体です。1915年に**アルバート・アインシュタイン**が宇宙の法則《ほうそく》に関する理論(一般相対性理論《いっぱんそうたいせいりろん》)を発表すると、その理論をもとに、翌年《よくねん》の1916年にドイツの物理学者**カール・シュバルツシルト**が、「光さえも吸いこむ大きな重力を持った天体が存在できる」ことを理論的に示《しめ》したのです。

この発表のあと、ブラックホールが本当に存在するのかどうか、科学者の間で何度も論《ろん》争《そう》が起こりました。その存在を信じる科学者が増えてきた1971年、X線《せん》観測《かんそく》衛星《えいせい》「ウフル」が、はくちょう座にあるブラックホール候補《こうほ》天体「はくちょう座X-1」をとらえまし

アルバート・アインシュタイン 1879-1955

ドイツ生まれの物理学者。「特殊相対性理論《とくしゅそうたいせいりろん》」「一般相対性理論」など、この宇宙に働いている物理の法則をたくさん明らかにした。

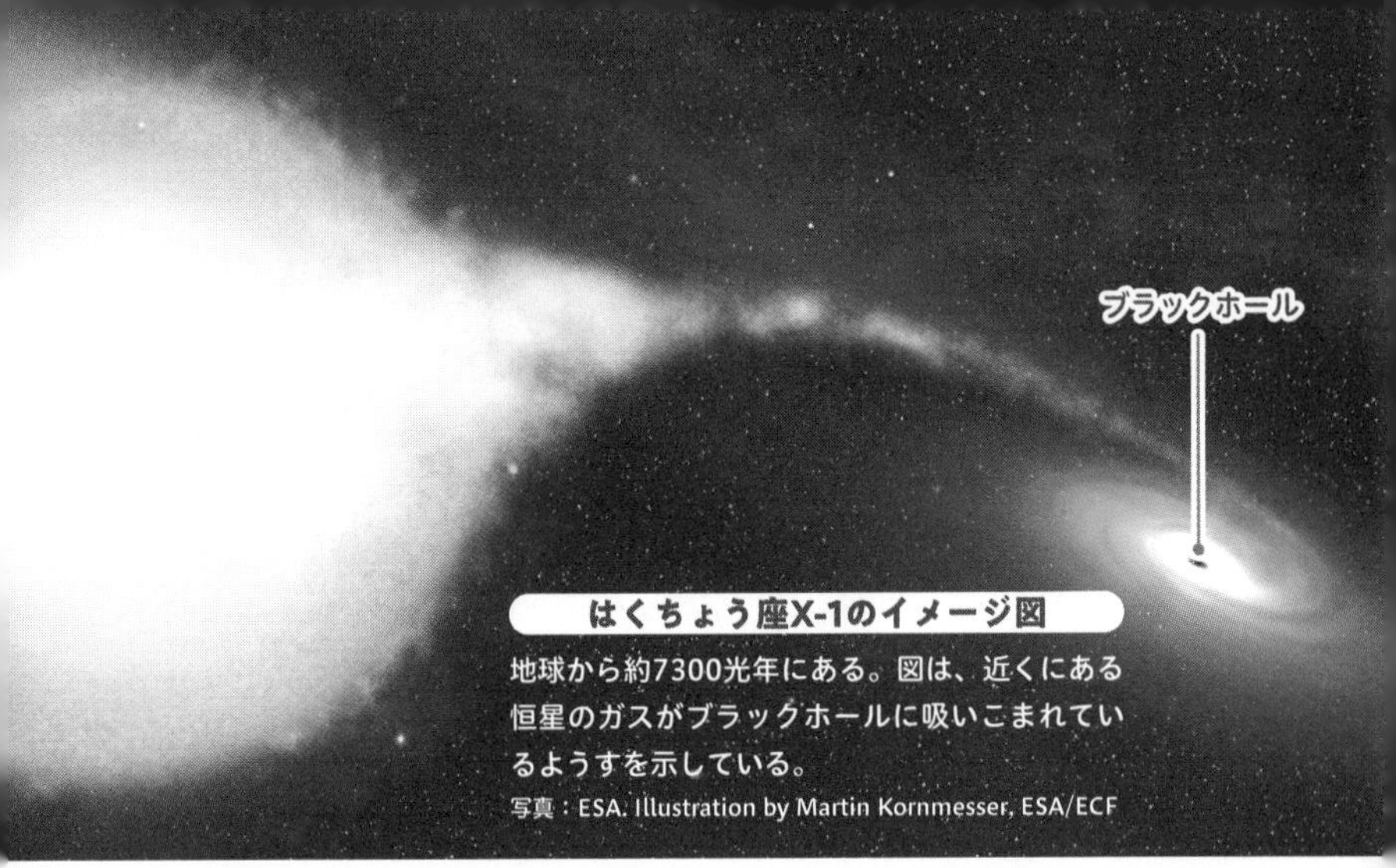
ブラックホール

はくちょう座X-1のイメージ図

地球から約7300光年にある。図は、近くにある恒星のガスがブラックホールに吸いこまれているようすを示している。

写真：ESA. Illustration by Martin Kornmesser, ESA/ECF

た。「はくちょう座X-1」は太陽の21倍くらいの重さの「恒星質量ブラックホール」です。天の川銀河では恒星質量ブラックホールやブラックホール同士の衝突などがたくさん観測されています。

ブラックホールには、天体の密度《みつど》が極端《きょくたん》に大きいという、他の天体にはない大きな特徴《とくちょう》があります。密度があまりにも大きいためにブラックホールの本体はとても小さな天体になっていると考えられています。

密度のとても大きなブラックホールは、巨大な重力を持っています。私たちが地球の上で生活できるのは地球の重力が働き、地面に引《ひ》き寄《よ》せられているためです。ブラックホールの重力はあまりにも強力なために、宇宙で一番速い光も影響《えいきょう》を受け、引き寄せられてしまうのです。

計算や理論でわかるなんてすごい!

カール・シュバルツシルト 1873-1916

ドイツの天文学者。アインシュタインの論文《ろんぶん》を読んで、強い重力で光が吸いこまれる天体があることを予測した。

M87のブラックホールの影

写真：Event Horizon Telescope/Science Photo Library/アフロ

「イベントホライズンテレスコープ」では、世界中にあるいくつもの電波望遠鏡の情報をつないで、一つの大きな電波望遠鏡として使った。

巨大ブラックホールの撮影に成功

こうして、観測を重ねるうちに、ブラックホールの大きさが3種類に分けられることや、銀河の中心に、太陽の100万~100億倍の重さを持つ「超大質量ブラックホール」があることなどがわかってきました。

銀河の中心にある超大質量ブラックホールのことをもっとよく知るために、世界中の研究者が協力して、電波望遠鏡の情報《じょうほう》をたくさんつないでブラックホールの影を直接《ちょくせつ》撮影する「イベントホライズンテレスコープ」という大きなプロジェクトが立ち上がりました。そして、2017年に地球から約5900万光年離れた、おとめ座の方角にあるM87という銀河の中心のブラックホールを撮影しました。この画像《がぞう》は2年かけて調査され、2019年に、史上初のブラックホールの影をとらえたものであることが発表されました。

142ページのいて座A*の写真も「イベントホライズンテレスコープ」で撮影されたんだワン！

8章 まとめ

宇宙の構成とブラックホールは大きな謎！

人類は望遠鏡や探査機などを使って宇宙を研究してきたけど、まだまだ謎はたくさんあるよ。例えば宇宙を構成する成分のうち、私たちが知っている物質は5％以下で、残りの約95％は正体不明の暗黒物質と暗黒エネルギーでできていることがわかってきたんだ。宇宙をより理解するためにはこれらの成分の正体を突《つ》きとめる必要があるね。

ブラックホールという天体も、ふしぎだらけ。なぜ銀河の中心に巨大なブラックホールがあるのか、その謎をより深く知るために、世界中の科学者が協力して超大質量ブラックホールの周囲の画像を撮影したんだよ。宇宙全体の謎を解《と》くために、今日も科学者たちが研究を進めているよ。

アンドロメダ銀河。この中心にも、超大質量ブラックホールがあると考えられている。 写真：PAMDirac / PIXTA

プラスワン

宇《う》宙《ちゅう》の謎《なぞ》はつきない！

この宇宙についての謎はまだまだあります。世界をつくる物質《ぶっしつ》のもととなる「素《そ》粒《りゅう》子《し》」、宇宙の形や将来《しょうらい》。いつか明らかになる日が来るでしょうか。

物質を消滅《しょうめつ》させる!?「反《はん》粒《りゅう》子《し》」

私《わたし》たちの体も、恒星《こうせい》や銀河《ぎんが》も、小さな粒子（素粒子）が集まってできています。ところが宇宙の歴史《れきし》を振《ふ》り返《かえ》ると、素粒子が生まれる時は、必ず反粒子も生まれることがわかってきました。そして、対応《たいおう》する素粒子と反粒子が出会うと、なんと両方とも消滅してしまいます。

宇宙ができた当時は素粒子と反粒子はほぼ同じ数だけ生まれたのですが、現在《げんざい》の宇宙は素粒子だけ残っていて、反粒子は見あたりません。無数の天体があり、そのなかで太陽がつくられ、地球ができ、私たちが生まれたのも、素粒子だけが残っているおかげです。素粒子の種類や特徴などについては世界中の科学者によって研究が進められています。

暗《あん》黒《こく》物《ぶっ》質《しつ》の正体は？

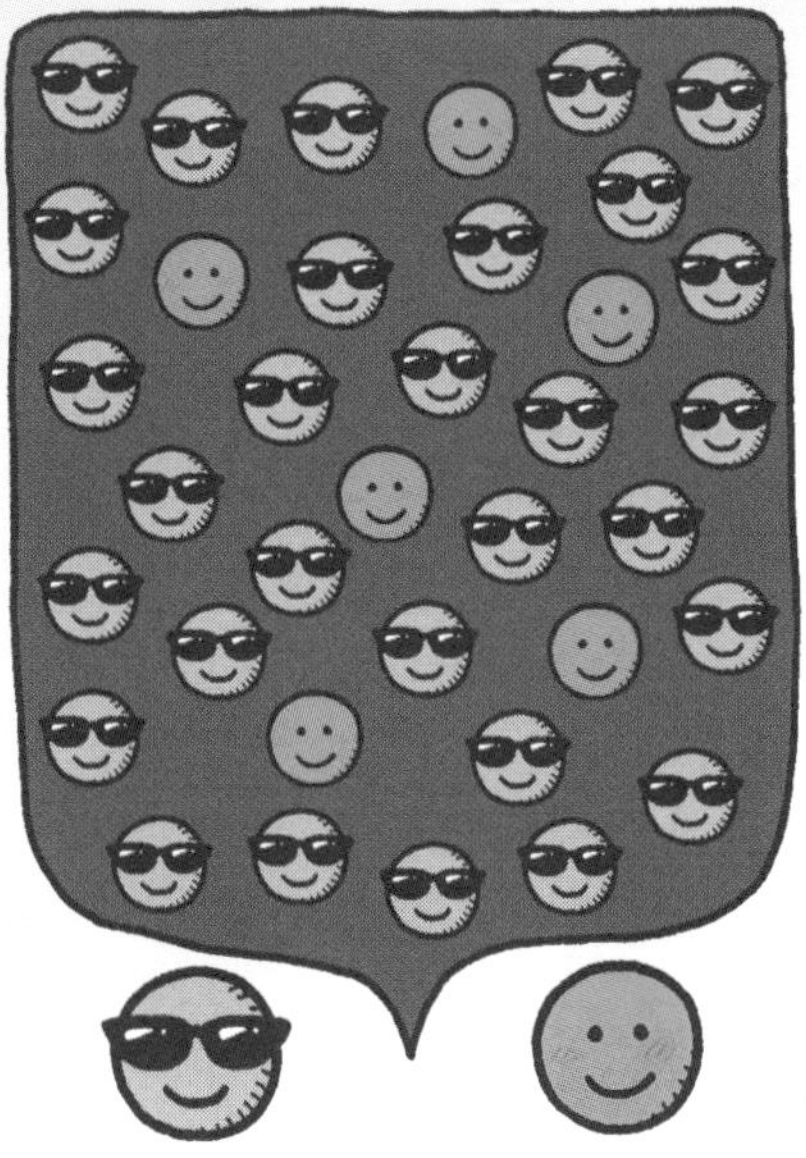

私たちが地上の望遠鏡や宇宙望遠鏡などで観《かん》測《そく》できる天体は原子などの普《ふ》通《つう》の物質でできたものだけで、この宇宙のなかの5％以下しかありません。そして、宇宙のなかで普通の物質の5〜6倍の量があると考えられているのが暗黒物質とよばれるものです。

　暗黒物質は、銀河の観測などから存《そん》在《ざい》していることがわかってきましたが、望遠鏡などで直《ちょく》接《せつ》見ることはできず、何かで触《ふ》れることもできないとても変わった性《せい》質《しつ》を持っています。今、世界中の研究者が、その正体を解き明かそうと研究を続けています。

　暗黒物質の有力な候《こう》補《ほ》の一つと考えられているのは、とても重くて、普通の物質にほとんど反応しない特《とく》殊《しゅ》な粒子で、「WIMP《ウインプ》」とよばれています。WIMPは「弱虫」や「意気地《いくじ》なし」という意味の英語です。簡《かん》単《たん》に正体を明かそうとしない物質の名前としてはぴったりですね。

宇宙は将来どうなる？

宇宙の将来についてはいくつかのシナリオが考えられています。今、宇宙は空間そのものが膨張《ぼうちょう》しています。この膨張はビッグバンの衝撃《しょうげき》によって起こっているため、膨張速度がだんだんと落ちると考えられていたのです。そして、最終的に宇宙は収縮《しゅうしゅく》し、潰《つぶ》れてしまう「ビッグクランチ」によって宇宙が終わるシナリオが有力だと考えられていました。

しかし、1998年にとても奇妙《きみょう》な現象が発見されました。宇宙にある特殊《とくしゅ》な超新星《ちょうしんせい》の観測をしていると、宇宙の膨張速度が速くなり、加速していることがわかったのです。

この現象は、空に向かって投げたボールが地面に落ちてこず、さらに空に向かって加速するようなふしぎなものでした。しかし、2つのグループが同時期に同じような観測結果を発表したことで、この現象は正しいものだ、と信じられるようになりました。

宇宙の膨張速度を加速させる原因は、正体不

「宇宙の加速膨張」を発見したことで、2011年にノーベル物理学賞を受賞した3人。左から、ブライアン・シュミット、ソウル・パールムッター、アダム・リース。写真：ロイター/アフロ

明の暗黒エネルギーであると考えられています。このまま、宇宙の膨張速度が加速し続けると、どうなるのでしょうか。理論的に説得力のあるシナリオは2つです。一つは、宇宙の膨張速度がどんどん上がっていき、宇宙がビリビリに引《ひ》き裂《さ》かれてしまう「ビッグリップ」。ビッグリップが起こると恒星もバラバラになり、物質を構成《こうせい》する素粒子、さらに時空までもが引き裂かれてしまいます。

もう一つの可能性は、宇宙の膨張がおだやかに進むというものです。この場合は、最終的に銀河同士《どうし》の距離《きょり》が離《はな》れ、銀河団《ぎんがだん》のような集団《しゅうだん》はなくなります。そして、やがてすべての恒星《こうせい》が核融合反応《かくゆうごうはんのう》を終えて、宇宙は冷たくて真っ暗な空間になってしまいます。この状態《じょうたい》は「ビッグフリーズ」といわれています。

宇宙がどのように終わるのかは、まだ誰《だれ》にもわかっていません。暗黒エネルギーは、くわしい性質などがわかっていないので、このまま膨張速度が加速したままかどうかも不明です。なんらかの理由で、膨張速度が減速に転じれば、ビッグクランチが起こる可能性もゼロではありません。宇宙の運命は暗黒エネルギーの正体が握《にぎ》っていると言っても過言ではないでしょう。

遠い未来、星々が輝《かがや》く夜空は見られなくなるかもしれない。

あ

か

さ

写真・図版協力

Axiom Space／アフロ／池下章裕／JAXA／東京大学大学院理学系研究科 木曽観測所／東洋製罐株式会社／トヨタ自動車株式会社／Nanoracks ／PIXTA／フォトライブラリー

おもな参考文献・資料

【書籍】『小学館の図鑑NEO［新版］宇宙 DVDつき』（小学館）、『ニッポン宇宙開発秘史 元祖鳥人間から民間ロケットへ』（NHK出版新書）、『NASA－宇宙開発の60年』（中公新書）、『迫力のビジュアル解説　宇宙と生命 最前線の「すごい！」話』（青春出版社）、『地球を飛び出せ！宇宙探査』（誠文堂新光社）、『月面着陸から50年　宇宙と人類 2019年最新版』（TJ MOOK）、『NASA The Complete Illustrated History』（トランスワールドジャパン）、『科学雑誌Newton／2022年５月号・2023年１月号』（ニュートンプレス）、『子供の科学／2021年９月号』（誠文堂新光社）、『月を知る！』（岩崎書店）、『大人でも答えられない！　宇宙のしつもん』（すばる舎）、『火星の科学-Guide to Mars-』（誠文堂新光社）、『宇宙は本当にひとつなのか』（ブルーバックス）、『宇宙になぜ我々が存在するのか』（ブルーバックス）、『ブラックホールと宇宙の謎』（岩崎書店）、『元素はどうしてできたのか 誕生・合成から「魔法数」まで』（PHPサイエンス・ワールド新書）、『生き物がいるかもしれない星の図鑑』（サイエンス・アイ新書）、『宇宙の新常識100』（サイエンス・アイ新書）

【参考サイト】宇宙航空研究開発機構（JAXA）HP、アメリカ航空宇宙局（NASA）HP、三菱電機HP「読む宇宙旅行」、AstroArts HP、ispace HP、岡山大学プレスリリース「小惑星リュウグウの起源と進化－地球化学総合解析による太陽系物質進化の描像」、井上総合印刷HP

イラスト　石坂光里（DAI-ART PLANNING）、渡辺みやこ

編集　伊澤瀬菜

編集協力　美和企画（大塚健太郎、嘉屋剛史、笹原依子）

デザイン　装丁：松林環美
本文：松林環美、宇田隼人（DAI-ART PLANNING）

監修　縣《あがた》 秀彦《ひでひこ》

自然科学研究機構国立天文台准教授。天文情報センター普及室長。1961年長野県生まれ。東京学芸大学大学院教育学研究科理科教育専攻修了（教育学修士）。専門は天文教育、科学コミュニケーション。天文学にまつわる著書を多数執筆・監修するほか、天文学の普及に努めている。

文　荒舩良孝《あらふねよしたか》

科学ライター。ジャーナリスト。1973年埼玉県生まれ。東京理科大学在学中より科学ライターとしての活動を始める。著書に『生き物がいるかもしれない星の図鑑』（サイエンス・アイ新書）、『迫力のビジュアル解説　宇宙と生命 最前線の「すごい！」話』（青春出版社）、『重力波発見の物語』（技術評論社）などがある。

ISBN978-4-06-534631-0

ぴかりか

月《つき》に移住《いじゅう》!?　宇宙《うちゅう》開発《かいはつ》物語《ものがたり》

2024年４月16日　第１刷発行

講談社《こうだんしゃ》 編
監修 縣《あがた》 秀彦《ひでひこ》
文　荒舩良孝《あらふねよしたか》

発行者　森田浩章
発行所　株式会社講談社
〒112-8001 東京都文京区音羽2-12-21
電話　編集　03-5395-4021
販売　03-5395-3625
業務　03-5395-3615

KODANSHA

印刷所　共同印刷株式会社
製本所　株式会社若林製本工場

N.D.C.538.9　159p　20cm